高职高专数控技术应用专业规划教材

数控加工软件应用(UG NX)

李华川　黄尚猛　主　编
李彬文　覃祖和　副主编

清华大学出版社
北京

内 容 简 介

本书根据"高职高专教育机械制造类专业人才培养目标及规格"的要求，结合编者在数控技术应用领域多年的教学改革和工程实践经验编写而成。

本书以项目、任务等方式进行引领，体现了"做中学、学中做"的特点。全书分为 5 个项目，内容包括 UG CAM(NX 11.0)辅助数控加工基本过程、常用加工方法、电极零件加工、模具零件加工、多轴零件加工等。本书以"纸质教材+数字资源"的方式，将书中知识点与学习资源直接对应，用户扫描二维码即可观看视频、PPT 等，从而激发学生进行主动学习，碎片化学习。

本书可作为高职高专机械制造类专业的教学用书，也可作为社会相关专业从业人员的参考书及培训用书。

本书为广西高等职业教育创新发展行动计划(2015~2018 年)之"'CAD/CAM 软件应用'精品在线开放课程"建设项目(编号：XM-6)成果(课程网址：http://gxcme.fanya.chaoxing.com/portal)。

图书在版编目(CIP)数据

数控加工软件应用：UG NX/李华川，黄尚猛主编. —北京：清华大学出版社，2019.11(2025.2 重印)
高职高专数控技术应用专业规划教材
ISBN 978-7-302-53934-6

Ⅰ. ①数… Ⅱ. ①李… ②黄… Ⅲ. ①数控机床—加工—计算机辅助设计—应用软件—高等职业教育—教材 Ⅳ. ①TG659-39

中国版本图书馆 CIP 数据核字(2019)第 224392 号

责任编辑：陈冬梅　刘秀青
封面设计：杨玉兰
责任校对：吴春华
责任印制：曹婉颖

出版发行：清华大学出版社
　　　　网　　　址：https://www.tup.com.cn, https://www.wqxuetang.com
　　　　地　　　址：北京清华大学学研大厦 A 座　　　邮　　编：100084
　　　　社 总 机：010-83470000　　　　　　　　　邮　　购：010-62786544
　　　　投稿与读者服务：010-62776969, c-service@tup.tsinghua.edu.cn
　　　　质量反馈：010-62772015, zhiliang@tup.tsinghua.edu.cn
　　　　课件下载：https://www.tup.com.cn, 010-62791865
印 装 者：三河市龙大印装有限公司
经　　销：全国新华书店
开　　本：185mm×260mm　　印　　张：12.75　　字　　数：310 千字
版　　次：2019 年 11 月第 1 版　　　　　印　　次：2025 年 2 月第 6 次印刷
定　　价：39.00 元

产品编号：079344-01

前　言

1. 背景

2015 年 5 月 8 日，中国政府正式提出了"中国制造 2025"的宏大计划，推动我国从制造业大国向制造业强国发展。现代化制造业要求设计过程数字化、制造过程智能化及生产管理过程信息化，它促使传统工厂向智能工厂转变，这样就对数控技术人员的素质提出了更高的要求。因此，基于 UG CAM 模块的数控加工技术，顺应了高端数控人才培养需求。

广西壮族自治区教育厅实施高等职业教育创新发展行动计划(2015～2018 年)，将"CAD/CAM 软件应用"精品在线开放课程列为建设项目。基于此项目的建设背景，编写并出版与在线开放课程相配套的新形态一体化教材，是项目建设的目标成果之一。

2. 本书内容

本书选取模具工厂提供的实际加工案例中的 5 个项目，包括：UG CAM(NX 11.0)辅助数控加工基本过程、常用的加工方法、电极零件加工、模具零件加工、多轴零件加工。每个项目由易至难，并各包含两个任务，每个任务由"任务导入""刀具选择""加工工艺规划""任务实施""技能拓展"组成。其内容注重"做中学、学中做、以做促学"的特点。

3. 本书特色

(1)"纸质教材+数字课程"相结合。书中知识点与在线学习资源相对应，扫描书中二维码可观看微课、PPT 或参与互动，也可登录"超星泛雅"在线课程平台(网址：http://gxcme.fanya.chaoxing.com/portal)，实现线上线下混合式学习。

(2) 内容覆盖二轴、三轴、四轴、五轴加工，实现从初级到高级技能的进阶。

(3) 教学案例来源于生产实践，操作方法符合企业生产要求，有利于积累实战经验。文字精练、图片丰富，操作步骤与图片对应，图片添加注释，学生可快速掌握技巧，把握重难点。

(4) 注重技能提升与思维拓展。文中通过"任务实施""优化策略""技能拓展""注意"等内容，避免了一般教材重教轻学、重讲轻练、重知识轻能力的弊病。

本书由李华川、黄尚猛担任主编，李彬文、覃祖和担任副主编，黄华椿、刘和彬、莫建彬参编。其中，项目 1、项目 5 部分内容由李华川编写；项目 2、项目 3 部分内容由黄尚猛编写；项目 2、项目 3 部分内容由李彬文编写，项目 4 由覃祖和编写；项目 3、项目 5 部分内容由黄华椿编写；项目 5 部分内容由刘和彬编写；项目 2 部分内容由莫建彬编写；全文由徐凯主审。

在本书编写过程中，广西玉柴集团设计研究院、南南铝业集团公司等企业提供了许多宝贵的意见和建议，并给予大力支持与指导，在此一并致谢。

由于编者水平有限，书中难免有疏漏和不妥之处，殷切希望读者和各位同仁提出宝贵意见。

编　者

目 录

项目 1　UG CAM(NX 11.0)辅助数控加工基本过程

知识要点

● UG CAM 基本加工流程原理。
● UG CAM 各加工操作的含义及步骤。

技能目标

● 可以熟练操作数控编程功能模块(CAM)基本软件界面。
● 可以实施 UG CAM 基本加工流程操作。

任务 1.1　UG CAM 工作界面

UG CAM 模块的基本工作界面，如图 1-1 所示，主要包含了菜单、工具栏、资源条、导航器、绘图区。

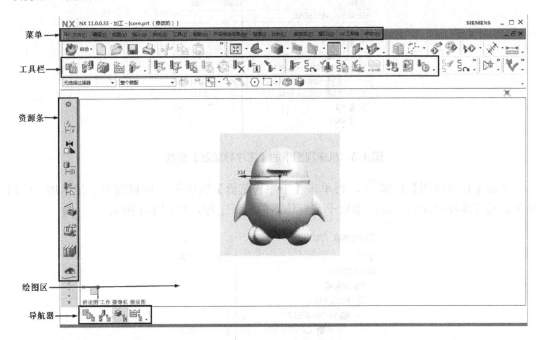

图 1-1　UG CAM 模块基本工作界面

(1) 【插入】工具栏 ⬚⬚⬚⬚⬚ 包含了创建程序、创建刀具、创建几何体、创建方法、创建工序等命令，是 UG CAM 操作中最基础的命令。

(2) 【导航器】工具栏 ⬚⬚⬚⬚ 包括了程序顺序视图、机床视图、几何视图和加工方法视图命令。该工具栏通常与【工序导航器】按钮 ![](配合使用。

单击【程序顺序视图】按钮 ![]，再单击【工序导航器】按钮 ![]，该视图用于显示每个工序所属的程序组和每个工序在机床上的执行顺序，如图1-2所示。

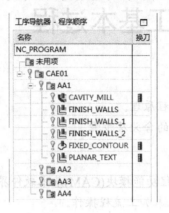

图1-2 程序视图下的【工序导航器】窗格

单击【导航器】工具栏中的【机床视图】按钮 ![]，再单击【工序导航器】按钮 ![]，该视图用于显示数控加工中所使用的各种刀具，如图1-3所示。

工序导航器 - 机床		□
名称	刀轨	刀具
GENERIC_MACHINE		
未用项		
─ D10		
CAVITY_MILL	✔	D10
FINISH_WALLS	✔	D10
FINISH_WALLS_1	✔	D10
FINISH_WALLS_2	✔	D10
＋ R3		
＋ D0.2		

图1-3 机床视图下的【工序导航器】窗格

单击【几何视图】按钮 ![]，再单击【工序导航器】按钮 ![]，该视图用于显示加工中所存在的几何体和坐标系，以及隶属于几何体下的加工工序，如图1-4所示。

工序导航器 - 几何		□
名称	刀轨	刀具
GEOMETRY		
未用项		
─ MCS_MILL		
─ WORKPIECE		
CAVITY_MILL	✔	D10
FINISH_WALLS	✔	D10
FINISH_WALLS_1	✔	D10
FINISH_WALLS_2	✔	D10
FIXED_CONTOUR	✔	R3

图1-4 几何视图下的【工序导航器】窗格

任务 1.2 UG CAM(NX 11.0)基本加工流程

UG CAM 是 UG 软件的辅助制造模块，可以实现对复杂零件的自动编程数控加工，主要具备数控车、数控铣、数控钻、线切割等加工功能。UG CAM 和 UG CAD 紧密集成，UG CAM 可以提供全面的、易于使用的功能，以解决数控刀具加工轨迹的生成、加工仿真和加工验证等问题。本次任务以图 1-5 所示零件为例，简要说明 UG CAM 模块的基本加工流程和操作方法。

1.2 基本加工流程.mp4

图 1-5 企鹅零件模型

1.2.1 基本加工流程

首先了解 UG CAM 模块加工基本流程。

(1) 创建部件模型。

零件模型是数控编程的基础，分为有参或无参模型，可以导入其他 CAD 软件创建的三维模型，格式分别为 prt、igs、dxf、stp、x_t、sldprt 等。

(2) 制定加工工艺规划。

可以参考机械加工工艺师手册，完成切削用量、加工方式、刀具等工艺参数的设置。

(3) 设置加工环境。

加工环境主要指 CAM 会话配置模板。

(4) 创建程序组、刀具组、几何体、方法、工序。

这 5 个操作是实现 UG CAM 功能最基础也是最重要的步骤。

(5) 生成刀具加工轨迹，仿真验证。

利用刀具加工轨迹与仿真，可以直观地察看加工效果及验证合理性。

(6) 生成后置处理数控程序与车间文档。

只有将刀具加工轨迹转化为数控程序，才能真正实现 UGCAM 的数控辅助加工。

加工流程如图 1-6 所示。

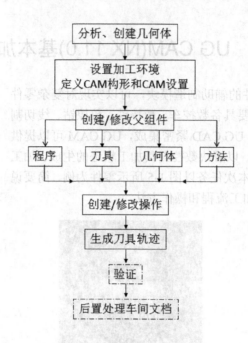

图 1-6　UG CAM 加工流程图

1.2.2　UG CAM 基本加工流程实施

1. 创建程序组

程序组用于组织各加工工序，在工序很多的情况下，用程序组来管理程序会比较方便。

操作步骤： 单击【创建程序】按钮，设置【名称】选项，如图 1-7 所示。

图 1-7　创建程序组

2. 创建刀具

刀具是数控加工的必要条件，刀具的类型和大小必须综合考虑加工部位结构、加工效率、加工工艺等。下面创建一把 D16 平底刀和一把 BD10 球头刀。

操作步骤：单击【创建刀具】按钮 ，设置【刀具子类型】选项，设置【名称】选项，设置【刀具参数】选项，具体如图 1-8、图 1-9 所示。

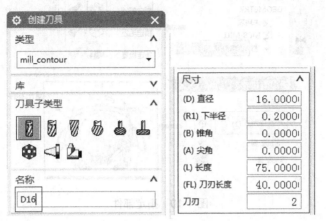

图 1-8　创建 D16 平底刀

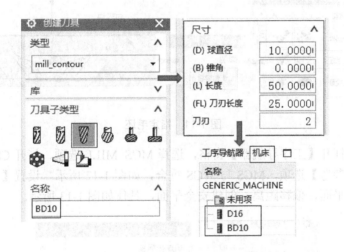

图 1-9　创建 BD10 球头刀

3. 创建几何体

几何体是指需要加工的几何对象及相关几何要素，包括加工坐标系、工件、切削区域、边界、文字等子类型。系统默认创建了一组加工坐标系 MCS_MILL 及工件(Workpiece)，用户可在【工序导航器】窗格中选择 Workpiece 或 MCS_MILL 选项，便可直接指定相关选项。

(1) 指定部件和毛坯。须先指定部件再指定毛坯。

操作步骤：打开【工序导航器】窗格，选择 Workpiece 选项，单击【指定部件】按钮，选取零件。然后单击【指定毛坯】按钮，指定【类型】选项，具体如图 1-10、图 1-11 所示。

(2) 指定加工坐标系(MCS)与【安全平面】。"加工坐标系"是程序的坐标基准，加工坐标系应尽量与数控机床的工件坐标系保持一致，否则实际加工易出错。

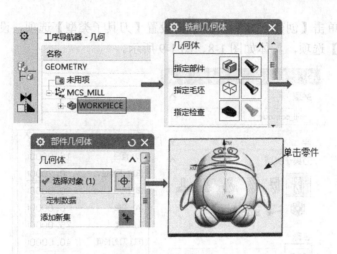

图 1-10　指定部件

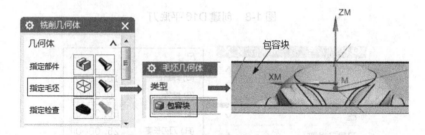

图 1-11　指定毛坯

操作步骤：打开【工序导航器】窗格，选择 MCS_MILL 选项，打开 CSYS 对话框，设置【类型】与【参考】选项，MCS 与 WCS 重合，如图 1-12 所示。设置【安全设置选项】选项，选取零件平面，偏移距离，创建安全平面，具体如图 1-13 所示。

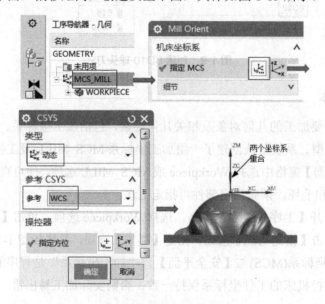

图 1-12　指定加工坐标系

在安全平面之上刀具快速下刀，在安全平面之下刀具以工进速度下刀，保证加工安全。

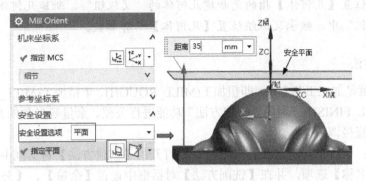

图 1-13　创建安全平面

自定义一组新的加工坐标系"MCS_MILL"及加工几何体"Workpiece"。

操作步骤： 单击【创建几何体】按钮，打开【创建几何体】对话框，指定【几何体子类型】为 MCS 或 Workpiece，指定【位置】选项组中的【几何体】选项，并指定【名称】选项，即可创建新坐标系创建新几何体，如图 1-14、图 1-15 所示。

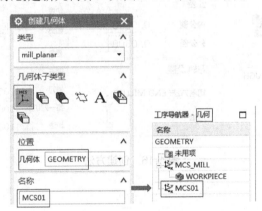

图 1-14　新建加工坐标系

图 1-15　新建几何体 WORKPIECE

注意： 位置【几何体】指的是新建几何体的"父级组"，新建几何体包含在"父级组"中，继承父级组位置【几何体】所有参数。

4. 创建方法

加工方法就是加工工艺方法，即粗加工(MILL_ROUGH)、半精加工(MILL_SEMI_FINISH)和精加工(MILL_FINISH)。利用"创建方法"功能进行公差、余量等参数的共性设定，实现多道工序加工直接调用。

操作步骤：单击【创建方法】按钮，在打开的【创建方法】对话框中指定【类型】、【方法】和【名称】选项，并在【铣削方法】对话框中设置【余量】、【公差】、【进给】选项，如图 1-16 所示。

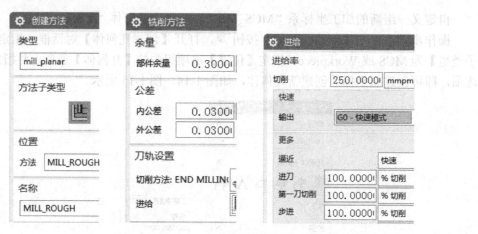

图 1-16 创建方法

5. 创建工序

创建工序相当于对零件进行加工工艺过程的编制，是生成数控加工刀具轨迹最重要的一步。

操作步骤：单击【创建工序】按钮，打开【创建工序】对话框，指定【类型】和【工序子类型】选项，并指定【父级组】选项组中的【程序】、【刀具】、【几何体】、【方法】选项，设置【刀轨设置】选项组中的各参数，单击【生成】按钮，生成刀轨，单击【确认】按钮，仿真验证，如图 1-17 所示。

6. 创建后置处理程序和车间工艺文档

利用 UG 内置的 Post Builder 处理器，可以将刀路轨迹文件转换为数控加工的 NC 代码，即数控程序，这就是常说的"后处理"。UG 提供了一个车间文档生成器，可以从部件文件提取对车间加工有用的 CAM 文本和图形信息，可以使用 TXT 或 HTML 两种格式输出，如图 1-18、图 1-19 所示。

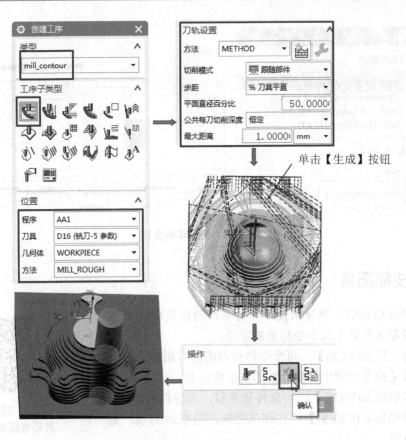

图 1-17　创建工序

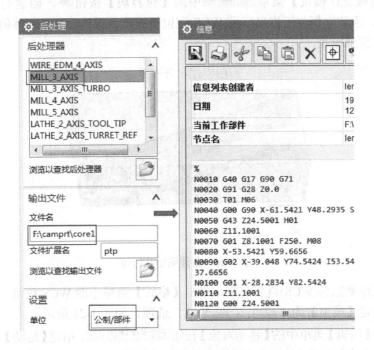

图 1-18　创建后处理程序

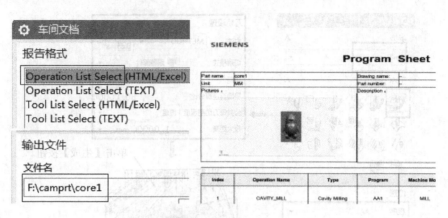

图 1-19　创建车间文档

1.2.3　技能拓展

下面学习通过摆正坐标系使零件与毛坯的放置保持平齐的方法。首先需要掌握以下几个坐标系的定义。

【绝对坐标系(ACS)】：每个零件自带的固有属性，不可移动和编辑，只是模型空间中的概念性的基准坐标系。

【工作坐标系(WCS)】：可旋转和平移，方便控制建模。

【基准坐标系(CSYS)】：它和基准轴、基准面类似，是一种对象类型特征。

1.2.3　技能拓展——异形电极坐标摆正.mp4

单击【电极设计模块】菜单 ✓ 电极设计(L) 中的【包容块】按钮 ▣ ，创建毛坯几何体，如图 1-20 所示。因该电极与工作坐标系(WCS)方位不一致，导致毛坯几何体创建不合理，因此需要重新定位坐标系。

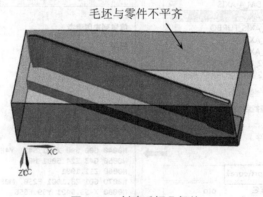

毛坯与零件不平齐

图 1-20　创建毛坯几何体

首先对工作坐标系(WCS)重新定位，单击【格式】菜单下的 WCS 按钮，选择【定向】选项，重新指定【类型】为"原点,X 点,Y 点"选项，如图 1-21 所示。

然后单击【编辑】菜单中的【移动对象】按钮 ⌐⌐ 移动对象(O)... ，指定【运动】类型为"CSYS 到 CSYS"，通过坐标系的运动移动电极零件，如图 1-22 所示。

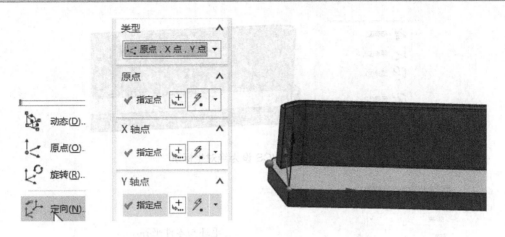

图 1-21　创建 WCS

图 1-22　移动 WCS

接着将工作坐标系(WCS)定义为绝对坐标系，如图 1-23 所示。

重新设置【包容体】对话框中的参数，包容块已摆正，毛坯设置合理，如图 1-24 所示。

再次单击【移动对象】按钮 ，指定【运动】类型为"CSYS 到 CSYS"，定位顶部对象坐标系移动至绝对坐标系，坐标系摆正完成，如图 1-25 所示。

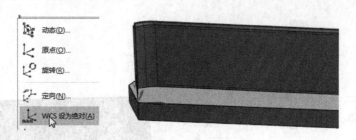

图 1-23　WCS 设为绝对坐标系

毛坯与零件平齐

图 1-24　包容块摆正

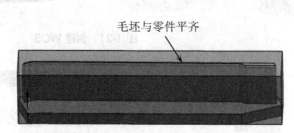

单击顶面为"参考对象"

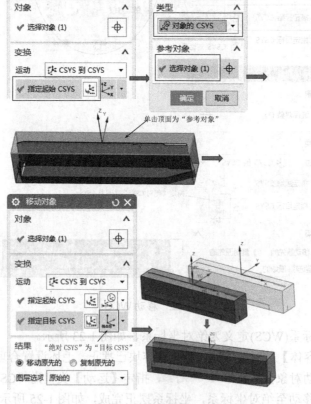

图 1-25　移动对象坐标系

项 目 小 结

(1) 本项目介绍了 UG CAM 模块的基本工作界面及工作流程,并通过具体案例说明 UG CAM 模块的基本操作流程。

(2) 关键知识要点在于对创建方法、创建刀具、创建几何体、创建工序、后处理这 5 个操作流程步骤的理解。

思考与练习

一、选择题

1. CAM 的中文含义为(　　)。

　　A. 计算机辅助设计　　　　　　　B. 计算机辅助制造

　　C. 计算机辅助分析

2. UG CAM 可以兼容其他 CAD 软件创建的三维模型,格式可以是(　　)。

　　A. prt　　　　　　B. igs　　　　　　C. stp　　　　　　D. doc

3. 通常最常用的加工环境中 CAM 会话配置模板是(　　)。

　　A. Cam_general　　B. Cam_express　　C. Cam_express_part_planner

4. 在工序导航器中显示几何体和坐标系,应在何种视图下? (　　)

A. 　　　　　　B. 　　　　　　C. 　　　　　　D.

5. 以下说法正确的是(　　)。

　　A. 加工坐标系不属于几何体范畴

　　B. 应该先指定毛坯几何体再指定部件几何体

　　C. 子级组几何体继承了父级组几何体的全部参数

6. MILL_FINISH 对应的加工含义是(　　)。

　　A. 粗加工　　　　B. 精加工　　　　C. 完成加工　　　　D. 半精加工

7. 后处理程序的坐标位置基准是(　　)。

　　A. WCS　　　　　B. 绝对 CSYS　　　C. CSYS　　　　　D. MCS

8. 【包容块】的方位基准是(　　)。

　　A. 部件本体　　　B. 绝对 CSYS　　　C. WCS　　　　　D. MCS

9. 三轴加工时需要用到的后处理器是(　　)。

　　A. MILL_3_AXIS　B. MILL_3_AXIS_TURBO　　　　C. MILL_4_AXIS

二、练习题

扫描二维码,下载模型图档,通过基本加工流程操作,完成如图 1-26 所示的刀轨。

数控加工软件应用(UG NX)

图 1-26　练习模型

高职高专数控技术应用专业规划教材

项目 1 模型图档.zip

项目2　常用加工方法

知识要点

- 平面铣、型腔铣、深度轮廓铣、固定轴轮廓铣、可变轴轮廓铣等常用加工方法原理。
- 加工方法中切削模式、步距、切削层、切削参数、刀轴控制、驱动方法等重要选项意义。

技能目标

- 可以在工艺过程中合理应用各种加工方法。
- 可以合理设置不同工序中的各项重要参数，能进行简单的刀路优化操作。

任务2.1　平　面　铣

平面铣(Planar_Mill)是 UG CAM 加工最基本的操作，也是 UG NX 提供的 2.5 轴加工的操作，这种操作创建的刀位轨迹是基于平面曲线边界偏移而得到的，因此实际上平面铣就是基于曲线的二维刀轨。

平面铣的关键技术核心在于：仅能加工直壁平面零件，不能加工带斜度零件；而是通过曲线创建的边界来确定加工区域。本次任务以图 2-1 为例，着重讲解平面铣操作方法和刀轨优化技巧。

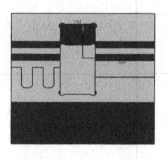

图 2-1　平面铣典型零件

2.1.1　刀具选择

该零件结构包括直立的侧壁面和底平面，没有曲面结构。材料为塑料模具钢，耐磨性强，有优良的切削加工性、抛光性。零件整体尺寸为 215×165×100，主要结构尺寸如图 2-2 所示。

据此分析，刀具拟定采用 D16 平底刀粗加工、D10 平底刀精加工。

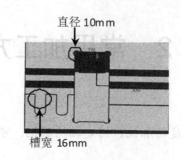

图 2-2 零件主要结构尺寸

2.1.2 加工工艺规划

根据零件结构特点，拟采用的加工工艺规划为：各区域粗加工——各区域底平面精加工——各区域侧壁精加工，具体如表 2-1 所示。

表 2-1 加工工艺规划

序号	工 步	刀具名称	加工策略	模拟刀路
1	粗加工	D16	平面铣(Planar_Mill)	
2	底平面精加工	D16	平面铣(Planar_Mill)	
3	壁面精加工	D10	平面铣(Planar_Mill)	

2.1.3 工艺准备

(1) 指定部件和毛坯。毛坯采用"包容块"类型，如图 2-3 所示。

(2) 指定加工坐标系(MCS)及安全平面。为方便找正，立方体毛坯的加工坐标系通常指定于毛坯顶面中心。

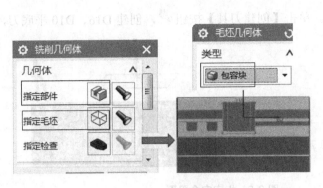

图 2-3　指定部件和毛坯

操作步骤：绘制直线，单击【WCS 定向】按钮，移动原点至直线中点。然后在【工序导航器】窗格中选择 MCS_MILL 选项，打开 CSYS 对话框，指定【参考】选项，两坐标系重合，如图 2-4 所示。

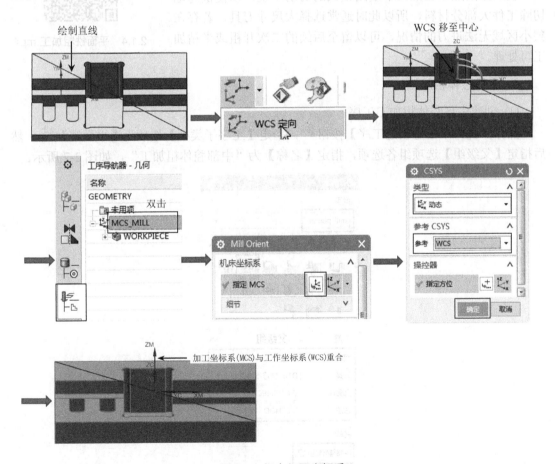

图 2-4　指定加工坐标系

指定【安全设置选项】选项，选取顶面偏移 10。将毛坯顶面向上偏置 10mm，设置为安全平面高度，如图 2-5 所示。

(3) 创建刀具。单击【创建刀具】按钮 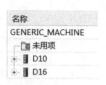，创建 D16、D10 平底刀，如图 2-6 所示。

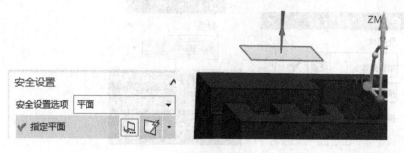

图 2-5　指定安全平面

名称
GENERIC_MACHINE
　未用项
＋ D10
＋ D16

图 2-6　创建刀具

2.1.4　粗加工

粗加工的加工要点在于选用较大的切削用量，以便快速地切除工件大部分材料，所以此时通常选择大尺寸刀具，若存在狭小区域无法进刀的情况，可以留至后续的二次开粗或半精加工再处理。

2.1.4　平面铣粗加工.mp4

1. 中部腔体粗加工

(1) 创建中部腔体粗加工工序。

操作步骤：单击【创建工序】按钮 ，指定【工序子类型】选项为【平面铣】 ，然后指定【父级组】选项组各选项，指定【名称】为"中部腔体粗加工"，如图 2-7 所示。

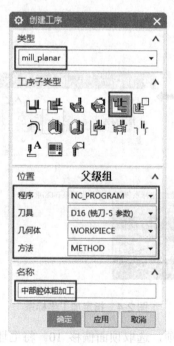

图 2-7　创建工序

(2) 指定部件边界和底面。

操作步骤： 设置【指定部件边界】选项，将【模式】设置为"面"，选取零件平面，获取边界曲线并设置【类型】和【材料侧】选项，最后单击【指定底面】按钮，选取零件平面，具体如图 2-8、图 2-9 所示。

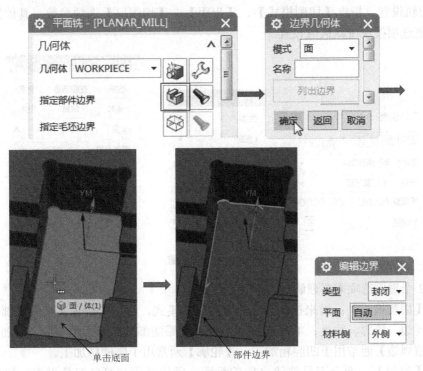

图 2-8　指定部件边界

图 2-9　指定底面

下面 4 个重要知识点需要理解。

- 部件边界定义了加工区域的形状及范围，它可以通过选择"面"或"曲线"来创建；边界端点处的小圆圈代表刀轨的起点。
- 部件边界所在的平面通常定义了加工区域的顶部高度，该平面与底面共同决定了加工区域的深度范围。

- 【部件边界】对话框中【材料侧】定义的是加工中需要保留的材料在边界的哪一侧。
- 【底面】指该加工区域的最大切削深度，一个平面铣工序只能指定一个底面。

(3) 刀轨设置。指定【切削模式】、【步距】、【切削层】选项参数，具体如图 2-10 所示，其他选项按系统默认值设置。

图 2-10　刀轨设置

下面 3 个重要选项需要理解。

- 【切削模式】：用来控制刀具轨迹的走刀模式，常用的选项包括跟随部件、跟随周边、轮廓、往复、单向 5 种。其中，【跟随部件】通常用于凸台粗加工，【跟随周边】通常用于凹腔粗加工，【轮廓】通常用于侧壁精加工。
- 【步距】：两个刀具轨迹之间的行距，常用选项包括%刀具平直、恒定、多个 3 种。
- 【切削层】：每层刀具轨迹在 Z 轴方向上的距离，常用选项包括用户定义和恒定两种。

(4) 生成刀轨。刀轨如图 2-11 所示。此处发现，生成的刀轨只有一层，直接一刀切到底，不符合开粗要求，需要优化。

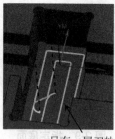

只有一层刀轨

图 2-11　优化前的刀轨

优化策略：部件边界所在平面与底面共同决定了加工的深度范围，此时两个平面正好位置重合，导致加工深度为零。需要重新指定部件边界所在平面，如图 2-12 所示。

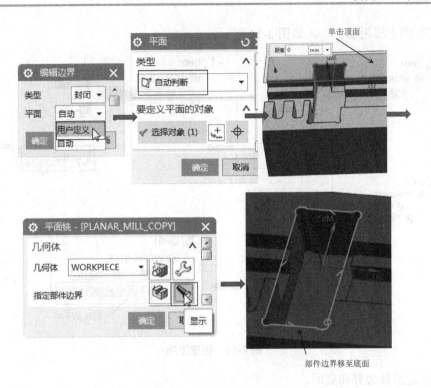

图 2-12 移动部件边界

重新生成刀轨，刀轨合格，如图 2-13 所示。

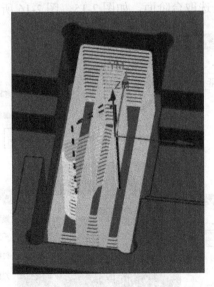

图 2-13 优化后的刀轨

2. 右侧区域粗加工

(1) 创建右侧上层粗加工工序。

在工序导航器中，右击【中部腔体粗加工】工序，执行【复制】和【粘贴】命令，重命名为"右侧上层粗加工",如图 2-14 所示。

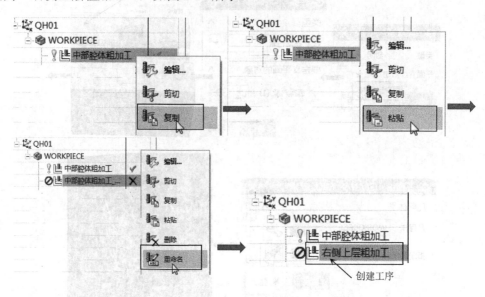

图 2-14　创建工序

(2) 指定部件边界和底面。

操作步骤：双击工序【右侧上层粗加工】选项，然后单击【选择或编辑部件边界】按钮，并单击【全部重选】按钮。指定边界【模式】为"曲线/边"，选取两条平行线的对角点，得到封闭的矩形边界，选取台阶面，如图 2-15、图 2-16 所示。

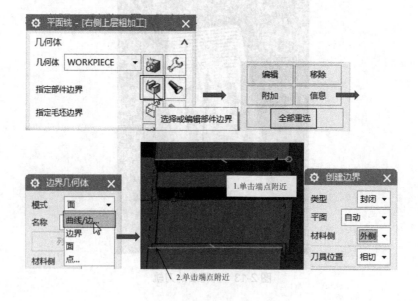

图 2-15　指定部件边界

(3) 刀轨设置。更改【切削模式】选项为"跟随周边"，如图 2-17 所示。

(4) 生成刀轨。生成的刀轨在拐角处出现漏切，刀轨不合格，如图 2-18 所示。

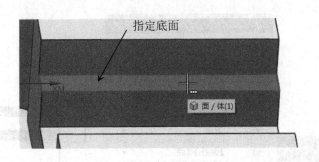

图 2-16　指定底面

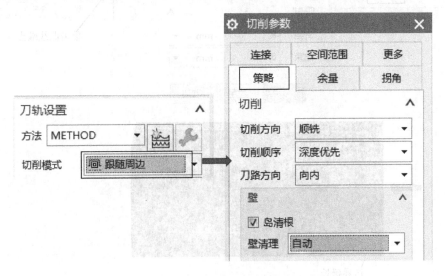

图 2-17　刀轨设置

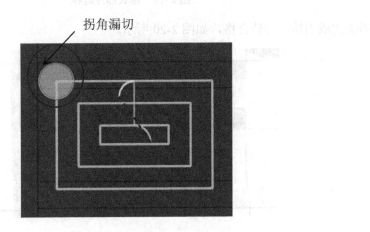

图 2-18　优化前的刀轨

　　优化策略: 部件边界决定了加工区域的范围,因边界曲线长度不足,导致了在拐角处的漏切,因此需重新编辑边界曲线的长度,如图 2-19 所示。

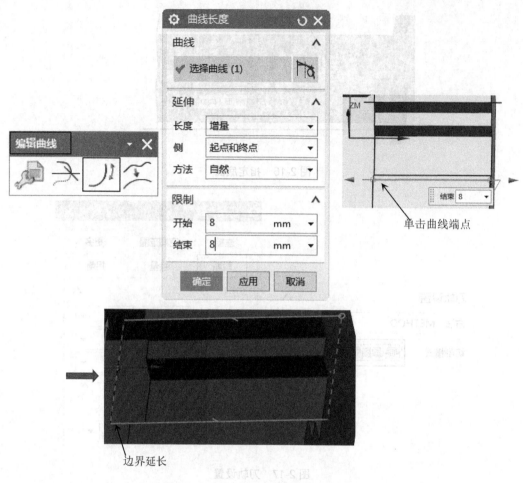

图 2-19　延长部件边界

重新生成刀轨，刀轨合格，如图 2-20 所示。

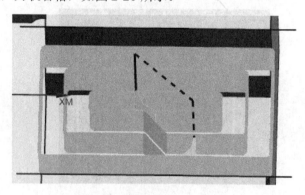

图 2-20　优化后的右侧上层粗加工刀轨

(5) 创建右侧下层粗加工工序。该工序操作方法与右侧上层粗加工工序相同，生成刀轨如图 2-21 所示。

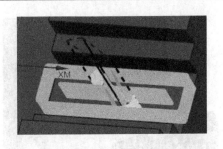

图 2-21　生成右侧下层粗加工刀轨

3. 左侧区域粗加工

(1) 创建左侧上层矩形粗加工工序。该工序操作方法与右侧上层粗加工工序相同。利用【编辑曲线】工具栏中的【曲线长度】命令，延长边界曲线，生成刀轨，如图 2-22 所示。

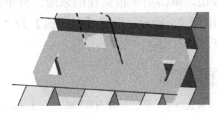

图 2-22　生成刀轨

(2) 创建左侧下层矩形粗加工工序。该工序操作方法与左侧上层矩形粗加工工序相同。可利用【编辑】菜单中的【变换】命令，复制出边界曲线，如图 2-23 所示。

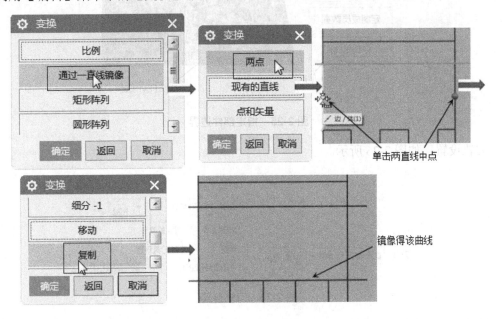

图 2-23　创建边界曲线

生成刀轨，如图 2-24 所示。

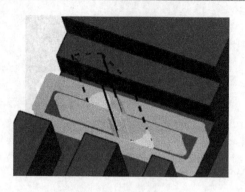

图 2-24　生成刀轨

(3) 创建 U 型槽粗加工工序。

技巧：单击【成链】按钮，单击第一根曲线的末端，再单击最后一根曲线的始端，即可自动获取整条曲线链，如图 2-25 所示。设置【材料侧】为"右"，是因为顺着刀具前进的方向，被保留的材料在边界的右侧。

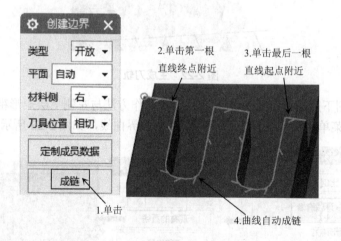

图 2-25　指定部件边界

刀轨设置，如图 2-26 所示。

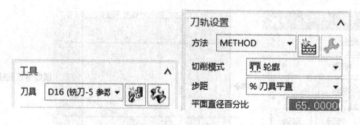

图 2-26　刀轨设置

生成刀轨，如图 2-27 所示。

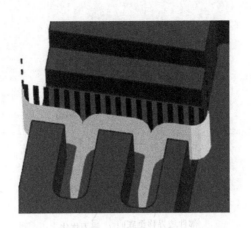

图 2-27　生成刀轨

2.1.5　精加工

各区域的侧壁和底面需要进行精加工。精加工需要保证尺寸精度与表面光洁度，故在工艺上需要注意减少刀痕，防止过切。

2.1.5　平面铣精加工.mp4

1. 底平面精加工

底平面面积较大，适合采用大尺寸刀具，以减少刀痕，提高效率，故该工序仍采用 D16 平底刀。底平面精加工与前面粗加工操作方法相同，仅将【每刀切削深度】修改为"0"，即可获得底面精加工刀轨，如图 2-28 所示。

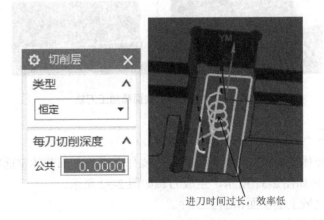

图 2-28　优化前的刀轨

通过图 2-28 发现，该刀轨进刀高度过高，空刀时间长，需优化。

优化策略：调整部件边界所在平面，将边界移至底面，重新生成刀轨，如图 2-29 所示。其他区域的底面精加工也参照对应区域的粗加工方法，生成的刀轨如图 2-30 所示。

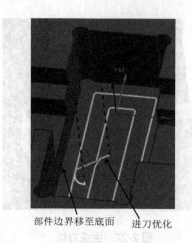

部件边界移至底面　进刀优化

图 2-29　优化后的底平面精加工刀轨

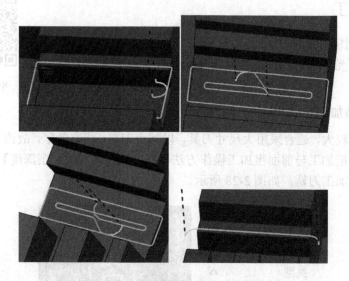

图 2-30　各区域的底面精加工刀轨

2. 壁面精加工

(1) 创建中部腔体壁面精加工工序。该工序操作方法与中部腔体壁面粗加工相同，只需修改部分参数，具体如图 2-31 所示，生成刀轨如图 2-32 所示。

(2) 创建右侧区域上层壁面精加工工序。

该工序需要创建两个边界，具体如图 2-33 所示。

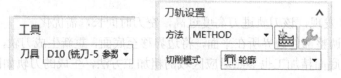

工具		刀轨设置		
		方法	METHOD	
刀具	D10 (铣刀-5 参数 ▾	切削模式	轮廓	▾

图 2-31　刀轨设置

 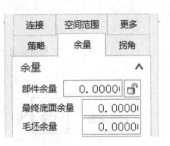

图 2-31　刀轨设置(续)

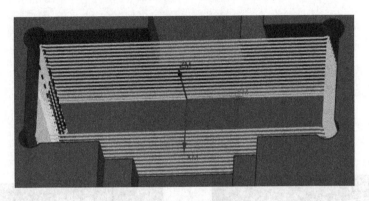

图 2-32　生成壁面精加工刀轨

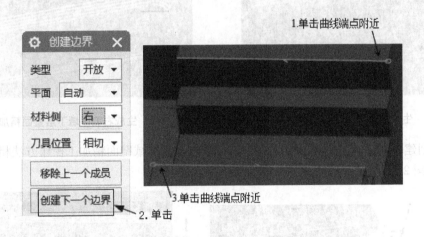

图 2-33　创建部件边界

💡 **注意：** 单击鼠标选取边界时，若靠近一侧曲线端点，那一侧便会是刀轨起点。所以为了保证材料侧为"右"，实现顺铣效果，特别要注意鼠标选取边界时的单击位置。

然后，对【指定底面】和【刀轨设置】选项进行设置，如图 2-34、图 2-35 所示。
生成刀轨，如图 2-36 所示。右侧区域下层壁面精加工工序生成刀轨，如图 2-37 所示。

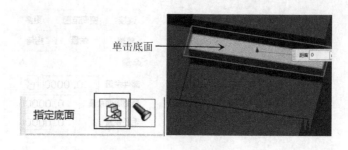

单击底面

图 2-34 指定底面

图 2-35 刀轨设置

图 2-36 生成右侧区域上层壁面精加工刀轨

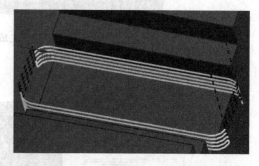

图 2-37 生成右侧区域下层壁面精加工刀轨

(3) 创建左侧区域壁面精加工工序。该工序与右侧区域壁面精加工操作方法相同，生成刀轨，如图 2-38 所示。

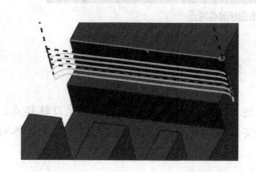

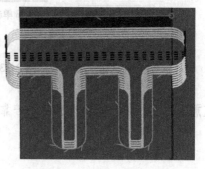

图 2-38 生成刀轨

2.1.6　技能拓展

面铣是平面铣加工方法中较常用的一种子类型，常用来精光平面。但在加工中，经常会遇到一种情况：用大刀光面后，经常会有狭小区域的平面无法加工到，若换小刀来加工整体平面，效率又太低，如图 2-39 所示，解决方法如图 2-40 所示。

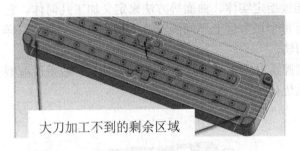

图 2-39　区域漏切的刀轨

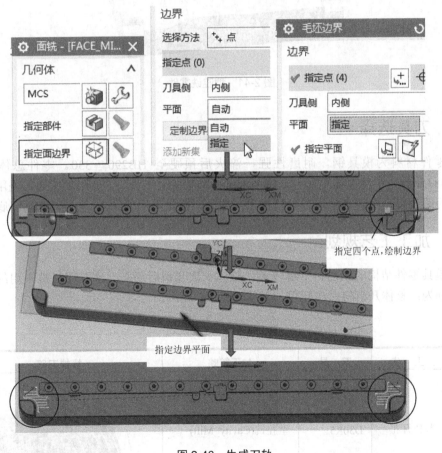

图 2-40　生成刀轨

任务 2.2 型 腔 铣

型腔铣(Cavity_Mill)通常用来对零件进行粗加工,它可以加工平面铣不能加工的型腔轮廓,其零件的侧壁可以为斜度,零件底面也可以为非平面。型腔铣通过指定实体、曲面等方法来定义加工几何体。它能根据零件轮廓计算每个切削层上不同的刀轨形状,不像平面铣那样需要创建边界生成刀轨。

2.2 型腔铣.mp4

本次任务通过型腔铣对图 2-41 所示零件进行粗加工,着重讲解型腔铣操作方法和刀轨优化技巧。

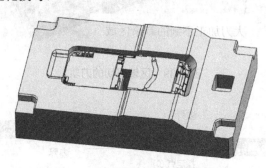

图 2-41 型腔铣零件

2.2.1 刀具选择

该零件材料为模具钢,耐磨性强,淬火后预硬至 HB290~330。零件总体尺寸为 170×110×35mm,中部主体矩形腔宽度 43mm。为提高生产率,工件粗加工通常采用大刀开粗,小刀清余料,保证余量均匀再精加工。据此,拟定采用 D30R5 飞刀、D10 平底刀。

2.2.2 加工工艺规划

该模具零件结构的细槽、窄缝较多,整体一次开粗后还需二次开粗。拟采用的粗加工工艺规划为:整体开粗与二次开粗,具体如表 2-2 所示。

表 2-2 加工工艺规划

序号	工 步	刀 具	加工策略	模拟刀路
1	整体开粗	D30R5	型腔铣(Cavity_Mill)	

续表

序号	工 步	刀 具	加工策略	模拟刀路
2	二次开粗	D10	型腔铣(Cavity_Mill)	

2.2.3 工艺准备

指定部件和毛坯，毛坯采用"包容块"类型，指定加工坐标系(MCS)与安全平面，如图 2-42 所示。单击【创建刀具】按钮，创建 D30R5 飞刀、D10 平底刀，如图 2-43 所示。

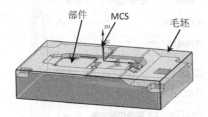

图 2-42 指定几何体和加工坐标系

图 2-43 创建刀具

2.2.4 粗加工

1. 整体开粗

(1) 创建整体开粗工序。单击【创建工序】按钮，指定【工序子类型】为"型腔铣(Cavity_Mill)"，指定父级组，如图 2-44 所示。

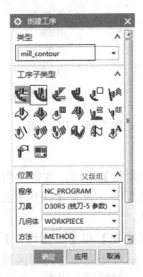

图 2-44 创建工序

(2) 刀轨设置。各项重要参数设置如图 2-45 所示，其他选项按系统默认值设置。

图 2-45　刀轨设置

下面 4 个重要选项需要理解。

- 【毛坯余量】：与【部件余量】不同，通常不用设置，指切削后毛坯保留余量。
- 【拐角】：在高速加工条件下，设置【拐角】控制刀轨形状与速度，可保证机床加工拐角时的切削稳定性。
- 【切削顺序】：包括【层优先】和【深度优先】选项。前者是先加工完同层所有区域再进行下一层加工；后者是先加工完同区域的所有层再转至另一区域加工。
- 【转移类型】：常用的选项包括前一平面、直接和安全距离 3 种。其中，【前一平面】应用最多，指刀具传递运动是在前一平面偏置一定距离上完成。

（3）生成刀轨。单击【生成】按钮，刀轨如图 2-46 所示。工件外废刀轨过多，需优化。

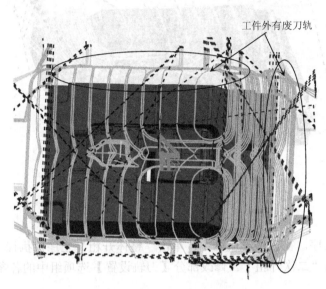

图 2-46　优化前的刀轨

优化策略： 通过【指定修剪边界】选项来修剪工件外的废刀轨，如图 2-47 所示。

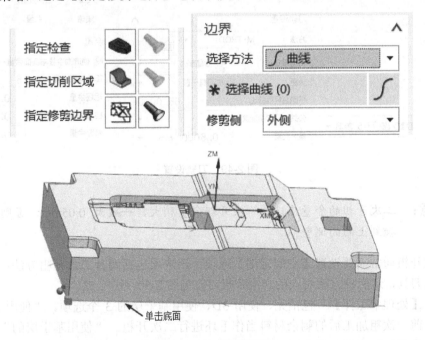

图 2-47　指定修剪边界

重新生成刀轨，如图 2-48 所示。

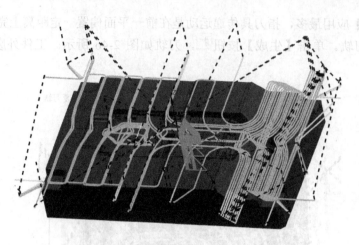

图 2-48　优化后的整体开粗刀轨

2. 二次开粗

创建二次开粗工序。在工序导航器中，单击"整体开粗"工序，执行【复制】和【粘贴】命令，重命名为"二次开粗"。修改部分【刀轨设置】选项组中的各参数，如图 2-49 所示。

图 2-49　刀轨设置

💡 **注意：** 二次开粗的余量应比第一次开粗余量稍大，一般大 0.05mm；否则刀杆容易撞到上面的侧壁。

二次开粗通常需要设置【空间范围】选项。该选项包括两种二次开粗方法：处理中工件和参考刀具，这两种方法对应的二次开粗刀轨见图 2-50～图 2-52。

- 【处理中工件】：包括无、使用 3D、使用基于层的 3 个选项。"使用 3D"是把前一次粗加工后的剩余材料当作毛坯进行二次开粗。"使用基于层的"是对前一次粗加工中层与层之间的剩余材料进行二次开粗。"最小除料量"选项是配合这两个选项使用，其作用是当切削的材料小于设定值时，刀具不进行切削，因此可以减少空刀数量。为加快二次开粗速度，通常设定值大于或等于部件余量。如前后两次开粗使用刀具不一致,推荐选择"使用 3D"选项;如刀具一致,只是改变步进距离或每层切削深度,推荐选择"使用基于层的"选项。

● 【参考刀具】:该选项所创建的刀轨简单明了,效率较高,但不考虑上一步粗加工中的狭窄残料,容易产生踩刀、撞刀危险。

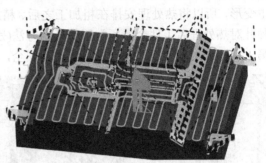

图 2-50　使用 3D 的二次开粗

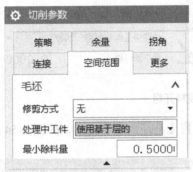
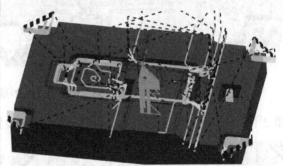

图 2-51　使用基于层的二次开粗

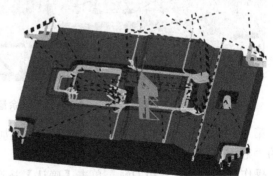

图 2-52　基于参考刀具的二次开粗

2.2.5　技能拓展

2.2.5　技能拓展.mp4

在塑胶模具行业中，模仁工件开粗加工，一般预留 0.5mm 余量，然后进行热处理，以提高硬度，再进行精加工。因为热处理之后材料会发生变形，所以将热处理安排在粗加工之后、精加工之前。下面介绍 3 种针对热处理后工件余量所常用的开粗方法(残料开粗)。

第 1 种：使用基于层的。这种方法刀轨安全，操作简单，如图 2-53 所示。

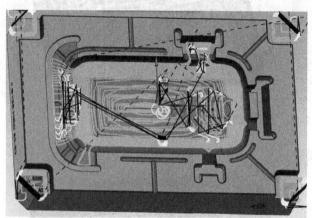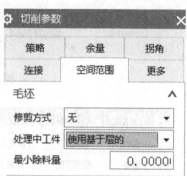

图 2-53　使用基于层的残料开粗

第 2 种：将工件本身指定为毛坯几何体，然后设置【毛坯余量】选项，如图 2-54 所示。

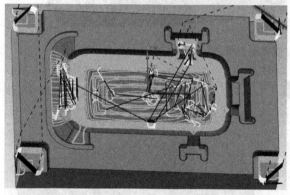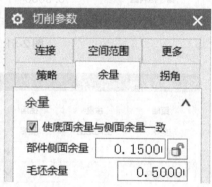

图 2-54　基于毛坯余量的残料开粗

第 3 种：创建 IPW(工序模型)。将第一次粗加工后得到的工序模型 IPW 设置为残料开粗的"毛坯几何体"。

操作步骤：生成开粗刀轨，单击【确认】按钮，然后单击【播放】按钮，刀轨模拟后单击【创建】按钮，打开新生成的 IPW(与零件同文件夹)，进行图层设置，IPW 即被显示，如图 2-55 所示。

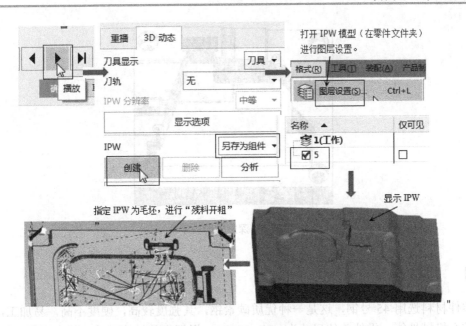

图 2-55　基于 IPW 的残料开粗

指定【毛坯几何体】对话框中的【类型】选项为"部件的偏置"，如图 2-56 所示。

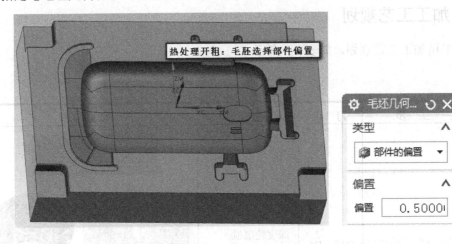

图 2-56　基于部件偏置的残料开粗

任务 2.3　深度轮廓铣

　　深度轮廓铣(Zlevel_Profile)，也称为等高铣，是围绕工件轮廓外形进行分层切削加工的一种加工方法，通常用于工件陡峭区域的半精或精加工。深度轮廓铣操作方法与型腔铣类似，但其可以不用指定毛坯，并有其特别的参数设置。本次任务通过深度轮廓铣方法对图 2-57 所示零件进行半精加工，着重讲解深度轮廓铣操作方法和刀轨优化技巧。

2.3　深度轮廓铣.mp4

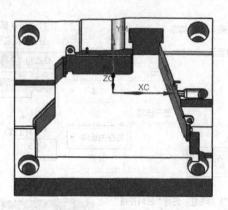

图 2-57　深度轮廓铣零件

2.3.1　刀具选择

零件材料选用 45 号钢，这是一种优质碳素钢，其强度较高，硬度不高，易加工，有良好的综合机械性能。零件总体尺寸为 105×85×40。根据零件结构尺寸，拟定采用 D10、D6 平底刀。

2.3.2　加工工艺规划

零件半精加工工艺规划，如表 2-3 所示。

表 2-3　加工工艺规划

序号	工　步	刀　具	加工策略	模拟刀路
1	各区域半精加工	D10、D6	深度轮廓铣 (Zlevel_Profile)	

2.3.3　工艺准备

指定部件和加工坐标系(MCS)，如图 2-58 所示。创建刀具，如图 2-59 所示。

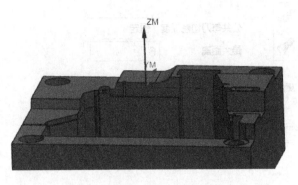

图 2-58　指定部件和加工坐标系

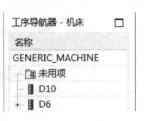

图 2-59　创建刀具

2.3.4　精加工

(1) 创建半精加工工序。单击【创建工序】按钮，指定【工序子类型】为"深度轮廓铣(Zlevel_Profile)"，指定父级组，如图 2-60 所示。

图 2-60　创建工序

(2) 刀轨设置。

① 设置参数，单击【指定切削区域】按钮，选取某区域面为切削区域，将【最大距离】设置为 6mm，未注选项按系统默认值设置。如图 2-61 所示。

生成刀轨，如图 2-62 所示。刀轨只有一层，需优化。

优化策略： 将【最大距离】设置为 1mm，重新生成刀轨，如图 2-63 所示。

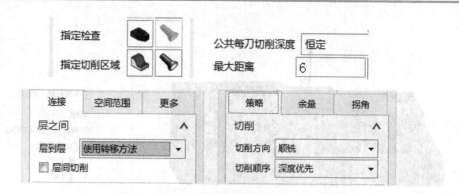

图 2-61　参数设置

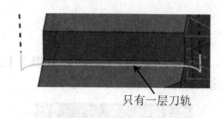

只有一层刀轨

图 2-62　优化前的刀轨

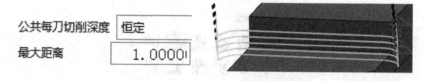

图 2-63　基于最大距离优化后的刀轨

② 指定【合并距离】选项。指定切削区域，该区域有个宽度 1.3mm 的豁口，设置【合并距离】为 0.5mm，生成刀轨，如图 2-64 所示，该刀轨在豁口处发生中断，需优化。

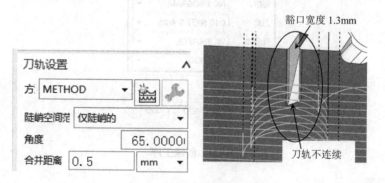

豁口宽度 1.3mm

刀轨不连续

图 2-64　优化前的刀轨

优化策略：修改【合并距离】为 3mm，重新生成刀轨，如图 2-65 所示。

【合并距离】：当刀具运动的两个端点长度小于合并距离时，系统会自动将两端点合并，以减少进退刀动作。所以当豁口宽度小于合并距离时，豁口被忽略。

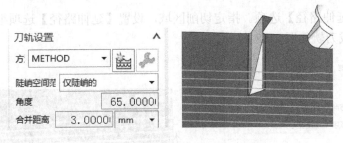

图 2-65　基于合并距离优化后的刀轨

③ 指定【切削方向】选项。指定切削区域，设置【切削方向】为"顺铣"，设置【层到层】为"直接对部件进刀"，单击【生成】按钮，出现报警，如图 2-66 所示，刀轨设置需优化。

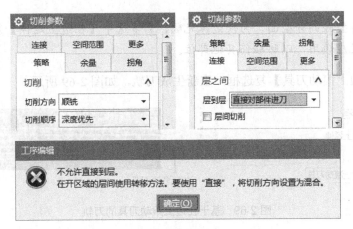

图 2-66　错误报警

优化策略：在开放区域中，同时设置【顺铣】和【直接对部件进刀】选项会导致刀轨冲突，因此针对开放区域，需要修改【切削方向】为"混合"，才能使用【直接对部件进刀】选项，如图 2-67 所示。

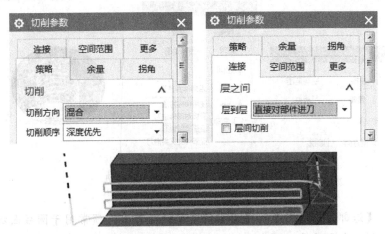

图 2-67　基于切削方向优化后的刀轨

④ 指定【延伸路径】选项。指定切削区域，设置【延伸路径】选项组中的【距离】选项为 1mm，生成刀轨如图 2-68 所示。

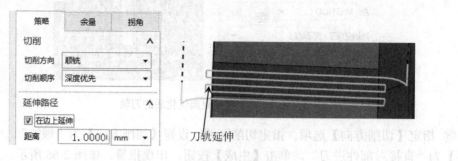

刀轨延伸

图 2-68　基于在边上延伸的刀轨

💡 **注意：** 有型腔的分型面，为使边缘光顺，需多选中【在边上延伸】复选框；其他情况应慎用，以防碰伤其他部位。

勾选【在边上滚动刀具】复选框，重新生成刀轨，如图 2-69 所示。

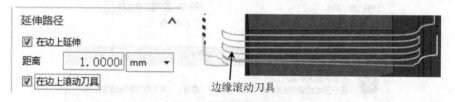

边缘滚动刀具

图 2-69　基于在边上滚动刀具的刀轨

除非边缘有毛刺要用刀轨清除，一般少用【在边上滚动刀具】选项，容易尖角被倒圆。

⑤ 指定【连接】选项。指定切削区域，指定【切削方向】为"顺铣"，指定【连接】选项组中的【层到层】为"沿部件斜进刀"或"沿部件交叉斜进刀"，生成刀轨如图 2-70 所示。

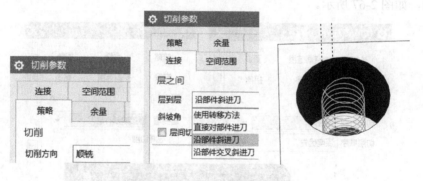

图 2-70　基于沿部件斜进刀的刀轨

💡 **注意：** 【沿部件斜进刀】和【沿部件交叉斜进刀】选项常用于圆柱面加工，当【切削方向】改为"混合"时，无法启用【沿部件斜进刀】或【沿部件交叉斜进刀】选项。

⑥ 指定【参考刀具】选项。指定切削区域，指定【刀具】为"D6(铣刀-5 参数)"，【参考刀具】为"D10(铣刀-5 参数)"，重新生成刀轨，可实现清角功能，如图 2-71 所示。

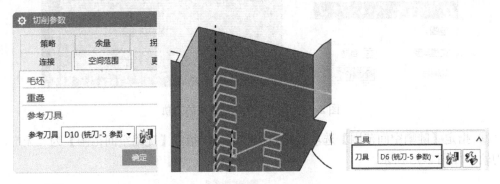

图 2-71　基于参考刀具的清角刀轨

⑦ 指定【层间切削】选项。指定切削区域，勾选【层间切削】复选框，生成刀轨如图 2-72 所示，可实现等高铣的平面加工。

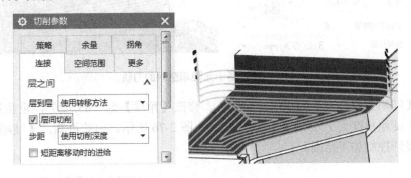

图 2-72　基于层间切削的刀轨

💡 **注意：** 指定切削区域时，不能仅单选一个平面，必须选择两个相邻面中的平面。

⑧ 指定【切削层】选项。指定切削区域，指定【切削层】为"恒定"，生成刀轨，如图 2-73 所示。但发现刀轨随深度变化，间距逐渐变大，需要优化。

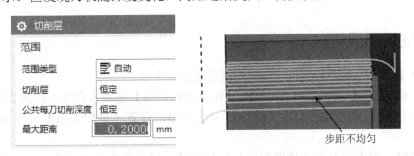

图 2-73　基于恒定切削层的刀轨

优化策略： 修改【切削层】为"最优化"，重新生成刀轨，如图 2-74 所示。此时刀轨间距均匀，可有效保证零件表面光洁度。

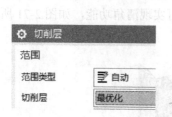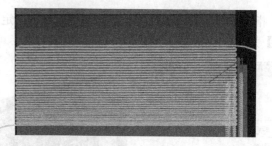

图 2-74　基于最优化切削层的刀轨

⑨ 指定【陡峭空间范围】选项。指定切削区域，指定【陡峭空间范围】为"无"，生成刀轨，如图 2-75 所示。

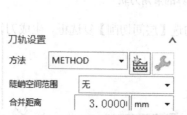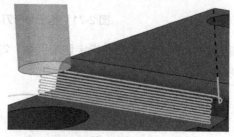

图 2-75　基于无陡峭空间的刀轨

修改【陡峭空间范围】为"仅陡峭的"，修改【角度】为"65 度"，重新生成刀轨，刀轨只加工陡峭角度大于 65 度的局部区域，如图 2-76 所示。由此可知，【陡峭空间范围】选项可以灵活控制加工范围。

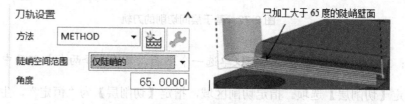

图 2-76　基于仅陡峭的陡峭空间的刀轨

2.3.5　技能拓展

下面就【深度轮廓铣】的相关参数设置要点进行介绍。

(1)【延伸刀轨】选项。该选项配合【指定切削区域】选项才有效。如图 2-77(a)所示，【指定切削区域】为"上下实体侧壁"，未选平面，设置【延伸刀轨】选项后，发生了漏切。

优化策略：因上下两个实体壁面同时延伸刀轨，导致刀轨相交干涉，此时软件自动处理干涉，而导致凸台侧面漏切。此时添加"底座顶面"为"切削区域"，重新生成刀轨，如图 2-77(b)所示。

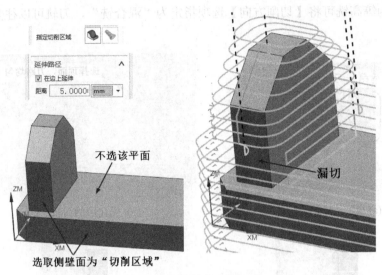

(a) 优化前的刀轨

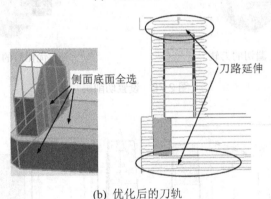

(b) 优化后的刀轨

图 2-77 基于延伸刀路的刀轨

(2) 【切削层】设置。使用圆鼻刀或球头刀并使用【等高铣】选项时，当"指定切削区域"未选择工件顶面，很容易导致第一层的切削深度过大，如图 2-78(a)所示。

优化策略：使用球头刀加工时，软件以加工表面的法向垂直点为切削点进行计算，此时添加"工件顶面"为切削区域，刀轨可优化，如图 2-78(b)所示。

由于球头刀形状的工艺局限性，最后一层刀路加工容易导致区域漏切，如图 2-78(c)所示。

优化策略：增大切削层的深度范围，增加量大于等于球刀半径，才能保证球头刀完全切削到底，如图 2-78(d)所示。

(3) 【参考刀具】设置。使用型腔铣的【参考刀具】选项进行二次开粗是以工件材料为准，不会发生漏切，如图 2-79 所示。而【等高铣】的【参考刀具】选项是以部件外形轮廓为准，在多凸台加工中容易导致区域漏切，特别是前后两把刀具直径相差较大的时候，如图 2-80 所示。

但针对一些简单的凹型拐角，使用等高铣的【参考刀具】选项进行二次开粗优于使用型腔铣。因为等高铣可将【切削方向】选项指定为"混合铣"，刀轨可以往复运动，进退刀少。

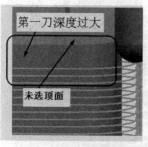

(a) 第一层深度过大的刀轨

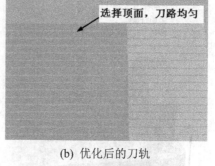

(b) 优化后的刀轨

(c) 发生漏切的刀轨

(d) 优化后的刀轨

图 2-78　设置切削层

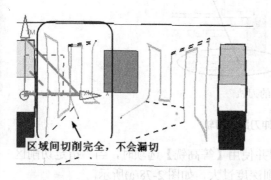

图 2-79　基于型腔铣的【参考刀具】选项

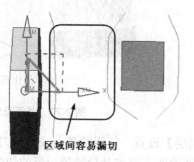

图 2-80　基于等高铣的【参考刀具】选项

任务 2.4　固定轴轮廓铣

　　固定轴轮廓铣(Fixed_Contour)常称曲面铣，是一种三轴联动的加工方式，固定轴意味着刀轴矢量方向在加工中始终保持不变。其切削原理是：将指定的驱动几何体沿投影矢量投影到区域面上，刀具根据投影点在零件表面上进行移动，生成刀具轨迹。本次任务通过固定轴轮廓铣对图 2-81 所示零件进行精加工，着重讲解固定轴轮廓铣操作方法和刀轨优化技巧。

2.4　固定轴轮廓铣.mp4

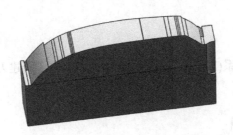

图 2-81　固定轴轮廓铣零件

2.4.1　刀具选择

该零件材料选用 45 号钢，这是一种优质碳素钢。零件总体尺寸为 86×15×47mm，曲面铣加工拟定采用 R3 球刀。

2.4.2　加工工艺规划

曲面精加工工艺规划，如表 2-4 所示。

表 2-4　加工工艺规划

序　号	工　步	刀　具	加工策略	模拟刀路
1	各区域精加工	R3	固定轴轮廓铣(Fixed_Contour)	

2.4.3 工艺准备

指定部件和加工坐标系(MCS)，如图 2-82 所示。单击【创建刀具】按钮，创建 R3 球刀，如图 2-83 所示。

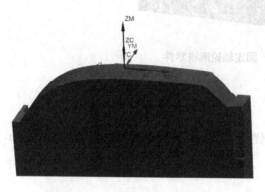

图 2-82 指定部件和加工坐标系

工序导航器 - 机床

名称
GENERIC_MACHINE
未用项
R3

图 2-83 创建刀具

2.4.4 曲面精加工

(1) 创建精加工工序。单击【创建工序】按钮，指定【工序子类型】选项为"固定轴轮廓铣"(Fixed_Contour)，指定父级组，如图 2-84 所示。

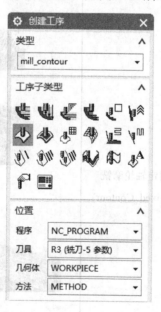

图 2-84 创建工序

(2) 设置驱动方法。未注选项按系统默认值设置。

① 指定【驱动方法】选项为"区域铣削"，设置各项重要参数，生成刀轨，如图 2-85 所示。此时发现曲面底部无刀轨，发生漏切，刀轨需优化。

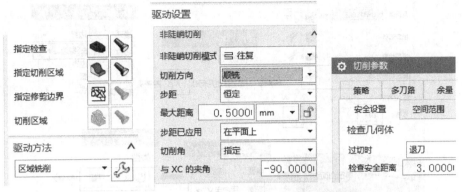

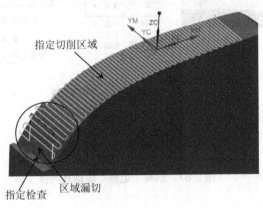

图 2-85　基于"区域铣削"驱动方法的刀轨

优化策略： 由于【检查几何体】参数的干涉，导致加工不完整，将系统默认的【检查安全距离】选项由 3mm 修改为 0.05mm，重新生成刀轨，如图 2-86 所示。

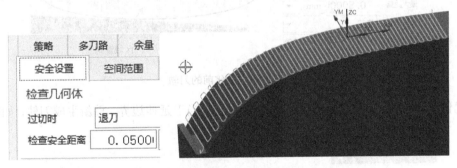

图 2-86　基于【检查安全距离】优化后的刀轨

💡 **注意：** 指定为【检查几何体】的几何体或区域，会被保护并防止刀具切削。【检查余量】与【检查安全距离】选项都是保护【检查几何体】而设，当两者同时设置时，以【检查安全距离】选项为准。

② 指定【驱动方法】选项为"边界"。边界是二维边界，需要指定边界曲线所在平面，如图 2-87 所示。驱动设置，生成刀轨如图 2-88 所示。此处发现区域发生漏切，刀轨需优化。

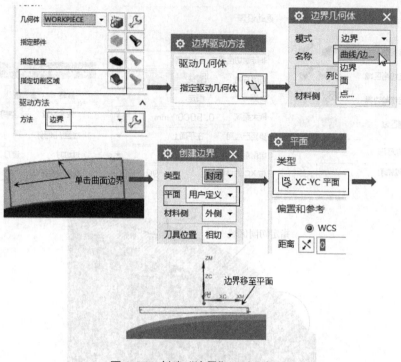

图 2-87　创建"边界"驱动几何体

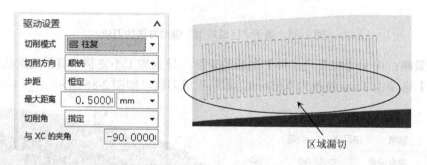

图 2-88　优化前的刀轨

优化策略：指定【边界偏置】选项为-3mm，相当于延伸边界，重新生成刀轨，如图 2-89 所示。

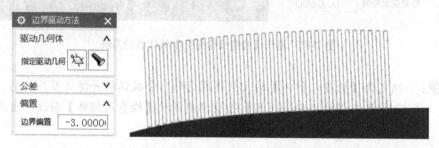

图 2-89　基于"边界偏置"优化后的刀轨

③ 指定【驱动方法】选项为"流线"，指定曲线为驱动几何体，如图 2-90 所示。

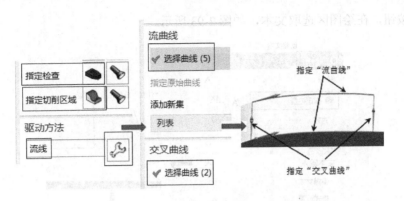

图 2-90　创建"流线"驱动几何体

驱动设置，生成刀轨如图 2-91 所示。

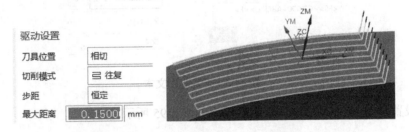

图 2-91　基于"流线"驱动方法的刀轨

④ 指定【驱动方法】选项为"清根"，指定【参考刀具】选项，生成清角刀轨，如图 2-92 所示。

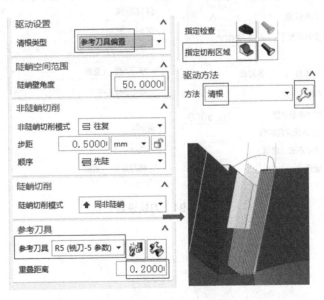

图 2-92　基于"清根"驱动方法的刀轨

⑤ 首先单击【插入】区域的【注释】按钮，在 XY 平面绘制文本，然后单击【指定制

图文本】按钮，在绘图区选取文本，如图 2-93 所示。

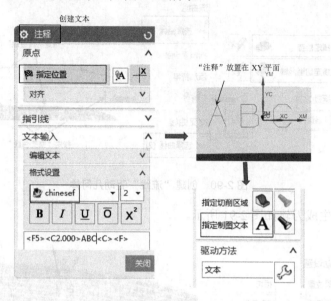

图 2-93　指定制图文本

刀轨设置，如图 2-94 所示。生成刀轨，如图 2-95 所示。

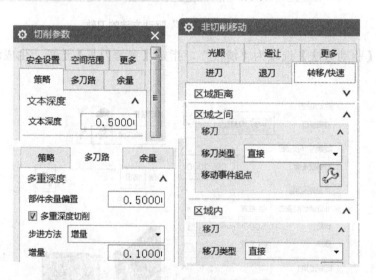

图 2-94　刀轨设置

图 2-95　基于"文本"驱动方法的刀轨

注意：【多刀路】选项要配合【多重深度切削】选项使用，可实现曲面轮廓分层加工。若【部件余量偏置】选项设为 0.5，【增量】选项设为 0.1，则说明此处刀轨分 5 层进行加工。

2.4.5 技能拓展

下面对【固定轴轮廓铣】一些参数设置要点进行介绍。

(1) 驱动方式"区域铣削"。该方式在固定轴轮廓铣中使用频率最高，在用球头刀进行曲面或斜面加工时，单独看刀轨，有时会误会刀轨漏切或过切。

原因：对球头刀计算是以切削点为准，当刀具超过投影的切削点，将视为已经切削；当刀具没有到达切削点，将视为漏切。所以据此标准，图 2-96 所示的刀轨是合格的。

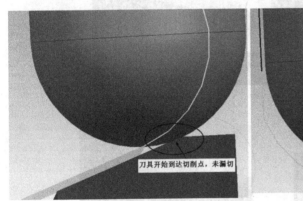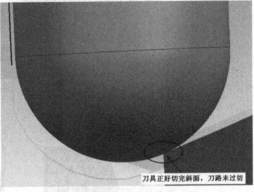

图 2-96　合格的刀轨

(2)【部件余量偏置】选项。该参数必须配合【多重深度切削】选项使用，才能生效。该选项可以生成多层刀轨，可用于曲面开粗，或增加精加工次数，如图 2-97 所示。

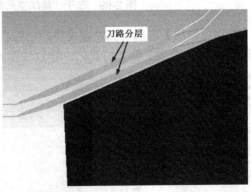

图 2-97　基于"部件余量偏置"的刀轨

(3)【陡峭空间范围】选项。该选项可拥有控制加工范围。若等高铣陡峭【角度】设置为 45°，固定轴轮廓铣非陡峭【陡峭壁角度】设置为 50°，如图 2-98 所示，说明两组刀轨存在 5° 的加工重叠区域，这样便于保证完全切削，不会漏切，如图 2-99 所示。

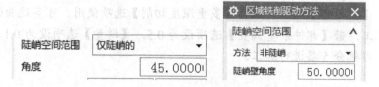

图 2-98　【陡峭空间范围】的设置

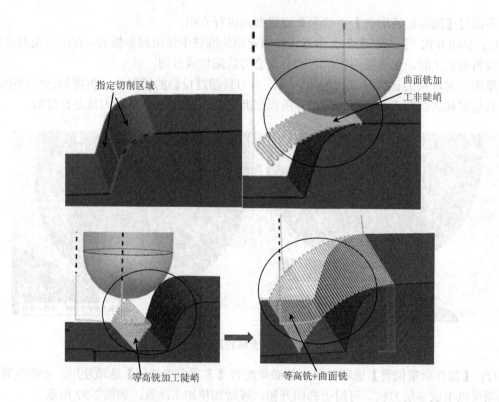

图 2-99　基于"陡峭空间范围"的刀轨

　　(4)　【步距已应用】选项。当设置【步距已应用】选项为"在平面上"，其投影方向为 Z 轴，而随着陡峭角度从上自下的变化，导致步距不恒定，如图 2-100 所示。

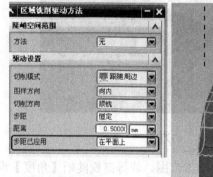
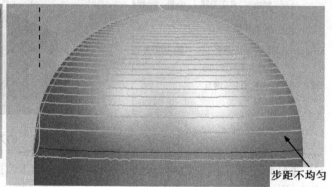

图 2-100　【步距已应用】在"在平面上"的刀轨

当将【步距已应用】选项设置为"在部件上"，投影原理是根据面的法向来计算步距宽度，因此步距从上至下排列得非常均匀，如图 2-101 所示。

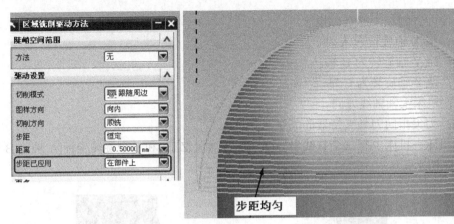

图 2-101　【步距已应用】在"在部件上"的刀轨

💡 **注意：** 【步距已应用】选项设置为"在部件上"，看似刀轨更优，但并不适用于普通机床，因为这种计算会导致切削点精度过高，刀具走走停停，机床容易发颤，加工质量反而不好。所以一般情况下，尽量采用【步距已应用】选项设置为"在平面上"。除非用高速机床，或者简单单一的曲面，此时可以尝试采用"在部件上"。

任务 2.5　可变轴轮廓铣

可变轴轮廓铣(Variable_Contour)是一种多轴联动的加工方式，与固定轴轮廓铣最大的区别在于刀轴的可变性。UG 提供了18 种刀轴控制方法，是多轴加工学习的难点。

本次任务通过可变轴轮廓铣对图 2-102 所示的零件进行精加工，着重讲解可变轴轮廓铣的刀轴控制原理。

2.5　可变轴轮廓铣.mp4

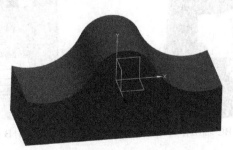

图 2-102　加工模型

2.5.1 基础知识

首先学习多轴加工的基础概念。

A 轴：绕 X 轴旋转为 A 轴。

B 轴：绕 Y 轴旋转为 B 轴。

C 轴：绕 Z 轴旋转为 C 轴。

Z 轴：机床主轴轴线方向。

刀轴：刀尖指向刀具夹持器的矢量。

四轴机床：机床上有三个直线坐标(X 轴、Y 轴、Z 轴)和一个旋转坐标(A 轴或 B 轴)，如图 2-103 所示。

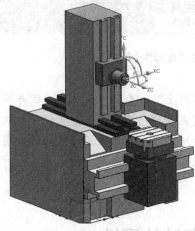
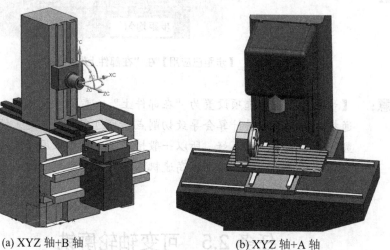

(a) XYZ 轴+B 轴　　　　　　　　　　(b) XYZ 轴+A 轴

图 2-103　四轴机床

五轴机床：机床上有三个直线坐标(X 轴、Y 轴、Z 轴)和两个旋转坐标，如图 2-104 所示。

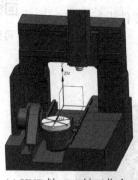
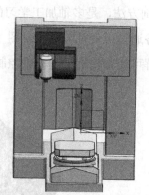

(a) XYZ 轴+BC 轴工作台　　　　　　(b) XYZ 轴+B 摆头 C 轴回转台

图 2-104　五轴机床

高职高专数控技术应用专业规划教材

2.5.2　加工工艺规划

加工工艺规划如表 2-5 所示。

表 2-5　加工工艺规划

序　号	工　步	刀　具	加工策略	模拟刀路
1	曲面精加工	R4	可变轴轮廓铣 (Variable_Contour)	

2.5.3　精加工

(1) 创建"精加工"工序。单击【创建工序】按钮，指定【工序子类型】选项为"可变轴轮廓铣"，指定父级组，如图 2-105 所示。

图 2-105　创建工序

(2) 指定【驱动方法】选项组中的【方法】选项为"曲面"。

操作步骤：指定【方法】为"曲面"，单击【编辑】按钮，设置【指定驱动几何体】选项，选取零件表面，指定【切削方向】与【材料反向】选项，如图 2-106 所示。

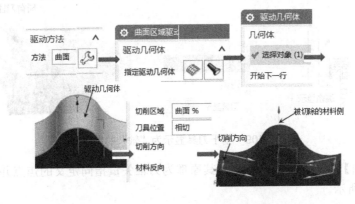

图 2-106　创建"曲面"驱动几何体

设置【驱动设置】选项组中的参数，如图 2-107 所示。

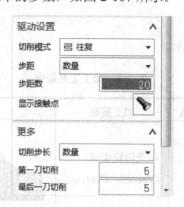

图 2-107   设置【驱动设置】选项组中的参数

(3)   "刀轴"设置。

① 指定【刀轴】选项组中的【轴】选项为"远离点"，选取底部平面上的一点，生成刀轨，如图 2-108 所示。

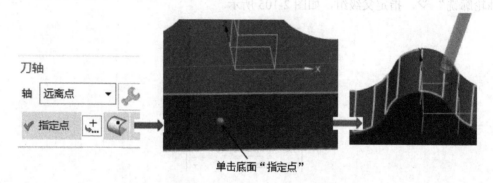

图 2-108   基于"远离点"的刀轴

"远离点"原理：刀轴矢量从定义的焦点离开并指向刀具夹持器。

为方便查看刀轴方位，可以修改【刀具显示】选项，如图 2-109 所示。

图 2-109   基于刀具显示为"轴"的刀轴

② 指定【轴】选项为"朝向点"，其原理为刀轴矢量指向定义的焦点并指向刀具夹持器，如图 2-110 所示。

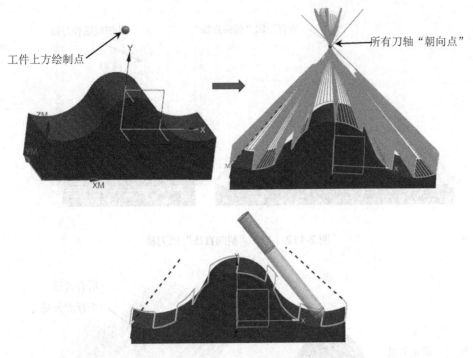

图 2-110　基于"朝向点"的刀轴

③ 指定【轴】选项为"远离直线"，原理为刀轴沿聚焦线运动，同时与该聚焦线保持垂直，刀轴矢量从定义的聚焦线离开并指向夹持器，如图 2-111 所示。此种方式常用于圆柱体的四轴加工中。

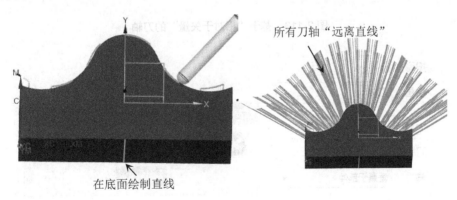

图 2-111　基于"远离直线"的刀轴

④ 指定【轴】选项为"朝向直线"，原理为刀轴沿聚焦线移动，同时与该聚焦线保持垂直，刀轴矢量指向定义的聚焦线并指向夹持器，如图 2-112 所示。

⑤ 指定【轴】选项为"相对于矢量"，原理为所有刀轴平行于指定的矢量，常用于多轴加工中的定向加工，进行定向加工时保持刀轴不变，如图 2-113 所示。

⑥ 指定【轴】选项为"垂直于部件"，原理为在每个接触点处垂直于部件表面的刀轴。生成刀轨，发生错误报警，如图 2-114 所示。

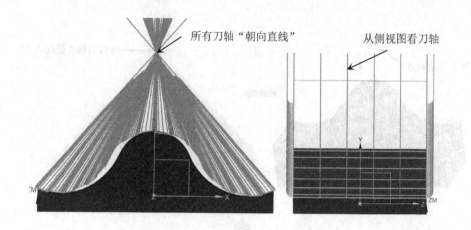

图 2-112　基于"朝向直线"的刀轴

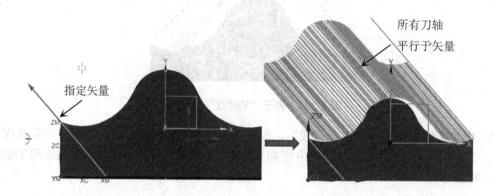

图 2-113　基于"相对于矢量"的刀轴

投影矢量

| 矢量 | 刀轴 ▼ |

工具

刀轴

| 轴 | 垂直于部件 ▼ |

工序参数错误

❌　当用作投影矢量时，刀轴不能依赖于部件

确定(O)

图 2-114　错误报警

💡 **注意：**　当【轴】选项设置与"部件"有关时，其【矢量】选项都不能设置为"刀轴"。因此修改【矢量】选项为"朝向驱动体"，重新生成刀轨，如图 2-115 所示。

⑦ 指定【轴】选项为"相对于部件"，原理为定义相对于部件表面的可向前、向后、向左或向右倾斜的刀轴。

【前倾角】选项：刀轴沿着刀具加工前进方向倾斜，由于"前倾角"基于刀具的运动

方向，因此"往复"切削模式将使刀具在前进刀路中向一侧倾斜，而在返回刀路中向相反的另一侧倾斜，如图 2-116 所示。

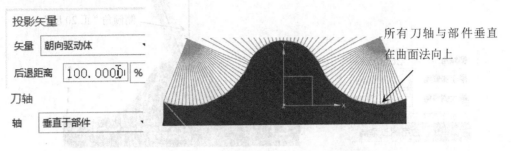

图 2-115　基于"垂直于部件"的刀轴

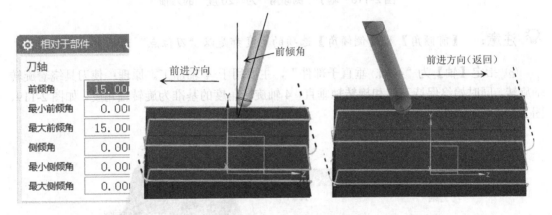

图 2-116　基于"前倾角"的刀轴

【侧倾角】选项：顺着刀具前进方向看，刀具向左、右侧倾斜的角度。顺着刀具前进方向看，刀具右倾为"正值"，刀具左倾为"负值"。侧倾角是固定的，与运动方向无关。【侧倾角】选项为 0 时，保持与曲面垂直，如图 2-117 所示。

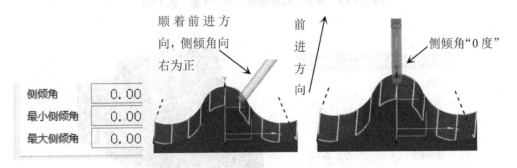

图 2-117　基于"侧倾角"为"0 度"的刀轴

【侧倾角】选项设置意义：当加工平坦曲面时，通过设定【侧倾角】选项，使刀轴倾斜，避免用球头刀尖点走刀，如图 2-118 所示。

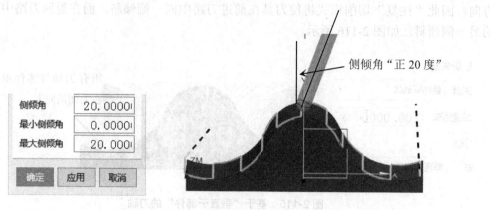

侧倾角 "正 20 度"

侧倾角	20.0000
最小侧倾角	0.0000
最大侧倾角	20.000

确定　应用　取消

图 2-118　基于 "侧倾角" 为 "20 度" 的刀轴

💡 **注意：** 【前倾角】和【侧倾角】选项的角度都是以 "刀位点" 为基准。

⑧ 指定【轴】为 "4 轴, 垂直于部件"，主要用于 4 轴加工。原理：使刀具绕着旋转轴旋转，同时始终保持刀具和旋转轴垂直，4 轴旋转角度的基准为旋转轴角度，如图 2-119、图 2-120 所示。

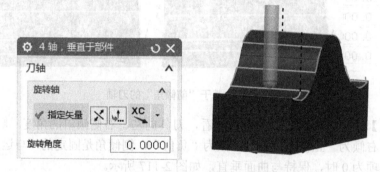

图 2-119　基于 "旋转角度" 为 "0 度" 的刀轴

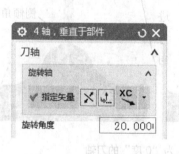

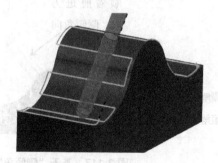

图 2-120　基于 "旋转角度" 为 "20 度" 的刀轴

⑨ 指定【轴】选项为 "4 轴, 相对于部件"，原理：在 "4 轴, 垂直于部件" 基础上增加【前倾角】、【侧倾角】和【旋转角度】选项设置。指定 "X 轴" 为旋转轴，刀轴如图 2-121 所示。

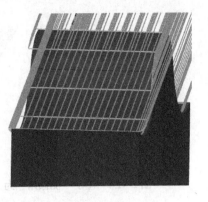

图 2-121　基于"4 轴，相对于部件"的刀轴

⑩ 指定【轴】选项为"插值矢量"，原理：以驱动曲面边界法向进行刀轴设定，刀轴可自行调整，以防止干涉，如图 2-122 所示。

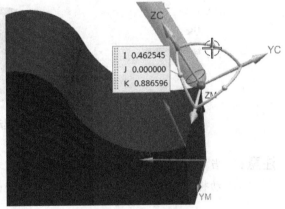

图 2-122　基于"插值矢量"的刀轴

⑪ 指定【轴】选项为"侧刃驱动体"，原理：通过指定侧刃方向来定义刀轴，如图 2-123、图 2-124 所示。

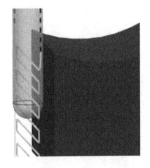

图 2-123　基于"侧倾角"为 0 的"侧刃驱动体"刀轴

⑫ 指定【轴】为"4 轴，垂直于驱动体"和"4 轴，相对于驱动体"。这两种方式与"4 轴，垂直于部件""4 轴，相对于部件"类似。区别在于，前者参考对象是驱动体接触点的法向，后者参考对象是部件接触点的法向。

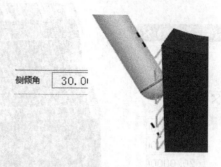

图 2-124　基于"侧倾角"为"30"的"侧刃驱动体"刀轴

⑬ 指定【轴】选项为"垂直于驱动体"和"相对于驱动体"。这两种方式与"垂直于部件""相对于部件"类似。区别在于，前者参考对象是驱动体表面的法向方向，后者参考对象是部件表面的法向方向，如图 2-125 所示。

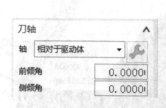

图 2-125　基于"相对于驱动体"的刀轴

💡 **注意：**　当"轴"参考对象为"驱动体"，而不是"部件表面"时，那么它的往复运动将变得更为光顺，适合加工复杂曲面。

2.5.4　技能拓展

UG NX 面向多轴加工提供了 9 种驱动方法，如图 2-126 所示。下面介绍几种常用方法。

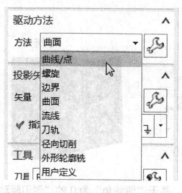

图 2-126　多轴加工的驱动方法

(1) 曲线/点：一般用于刻字、3D 流道加工。
(2) 流线：方法与曲面加工类似，但它需要选取流线创建网格面或放样面。

(3) 边界：常用于局部区域加工，边界需要定义在平面上，如图 2-127 所示。

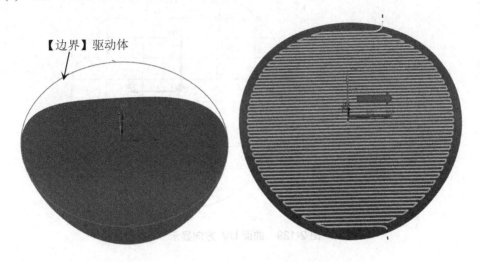

图 2-127　"边界"驱动方法

(4) 螺旋：加工曲面质量较好，没有进退刀痕，如图 2-128 所示。

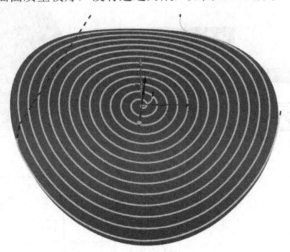

图 2-128　"螺旋"驱动方法

(5) 曲面：是 UG CAM 多轴加工中应用最多、最重要的驱动方法。它要求曲面连续，曲面 UV 方向一致，曲面的光顺度决定了刀轨加工质量。

【UV 方向】显示：曲面驱动需要选取某个曲面作为驱动几何体，并且可以通过"曲面百分比方法"窗口调整曲面区域范围，而该范围是基于曲面 UV 方向进行设置。要查看曲面 UV 方向，可以单击【编辑对象显示】按钮，选取曲面，设置【线框显示】选项组中的 UV 数量。单击【线框显示】按钮，即可看到曲面 UV 方向，如图 2-129 所示。

💡 注意：　当【切削区域】选项被指定为"曲面%"时，区域范围可调整，如图 2-130 所示。

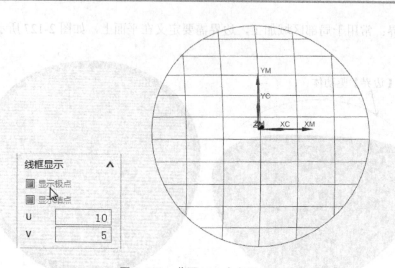

图 2-129　曲面 UV 方向显示

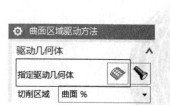

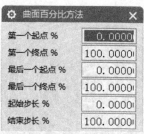

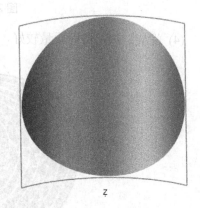

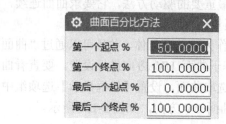

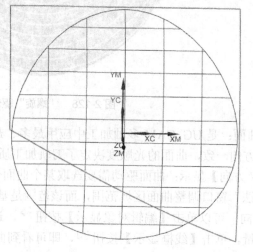

图 2-130　"曲面%" 参数设置

高职高专数控技术应用专业规划教材

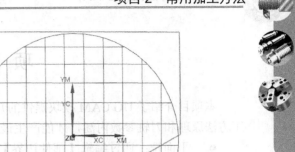

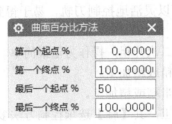

图 2-130　"曲面%"参数设置(续)

再指定【切削方向】和【材料反向】选项，如图 2-131 所示。

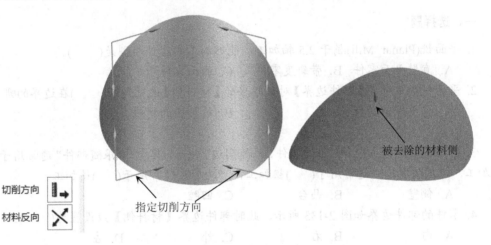

图 2-131　指定"切削方向"和"材料反向"

设置【驱动设置】选项参数，生成刀轨，如图 2-132 所示。

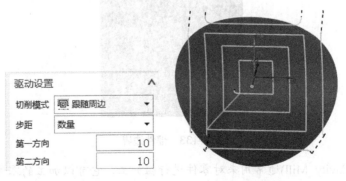

图 2-132　基于"跟随周边"模式的刀轨

项 目 小 结

本项目介绍了 UG CAM 模块提供的几种最常用、最重要的加工方法。只有充分理解加工方法原理和刀轨参数内涵，才能产生最优化的加工工艺方案。

- 平面铣：通过编辑【部件边界】选项可以灵活地控制刀轨，易于得到高精度的二维刀轨。
- 型腔铣：主要用于三维零件的粗加工和二次开粗，操作方法最简单。
- 深度轮廓铣：主要用于陡峭轮廓面的半精或精加工。
- 固定轴轮廓铣：主要用于平坦轮廓面的半精或精加工。
- 可变轴轮廓铣：主要用于四轴或五轴加工，其【轴】选项控制方法多样且复杂。

思考与练习

一、选择题

1. 平面铣(Planar_Mill)属于 2.5 轴加工，能够加工的零件类型是(　　)。

   A. 直壁平面零件　B. 带斜度零件　　C. 曲面零件

2. 平面铣加工中的【部件边界】对话框里的【材料侧】选项是指(　　)在边界的哪一侧。

   A. 需要保留的材料　　　　　　　B. 被切除的材料

   C. 以上两者

3. 常用的切削模式包括：跟随部件、跟随周边、轮廓，其中，"跟随部件"通常用于(　　)粗加工，"跟随周边"通常用于(　　)粗加工，"轮廓"通常用于(　　)精加工。

   A. 侧壁　　　　　　B. 凸台　　　　　　C. 凹腔

4. 零件的部件边界如图 2-133 所示，此时部件边界【材料侧】应设置为(　　)。

   A. 内　　　　　B. 右　　　　　C. 外　　　　　　D. 左

图 2-133　部件边界

5. 型腔铣(Cavity_Mill)通常用来对零件进行粗加工，它可以加工的零件类型是(　　)。

   A. 直壁型腔、型芯零件　　　　　　B. 侧壁带斜度的型腔、型芯零件

   C. 以上两者

6. 当【切削顺序】选项设置为(   )时，刀具先加工完同一层所有区域再进行下一层加工。

  A. 层优先   B. 深度优先   C. 混合方式

7. 把前一次粗加工后的剩余材料当作毛坯进行二次开粗时，应选用(   )二次开粗。

  A. 使用基于层的 B. 使用 3D   C. 参考刀具

8. 对模具进行热处理以提高其硬度，热处理工艺一般安排在(   )，精加工之前。

  A. 粗加工之后 B. 粗加工之前 C. 两者皆可

9. 当【转移类型】设置为(   )时，刀具在加工完成第一层后，抬刀至距离该层一定距离的平面上，再开始第二层的进刀切削。

  A. 前一平面   B. 直接   C. 安全距离

10. 当【转移类型】选项设置为(   )时，刀具加工完第一层需抬刀至安全平面，再下刀至第二层。

  A. 前一平面   B. 直接   C. 安全距离

二、练习题

扫描二维码，下载模型图档，完成如图 2-134 所示零件自动编程刀轨。

项目 2 模型图档.zip

图 2-134 零件模型

项目3 电极零件加工

知识要点

- 电极零件结构与加工工艺要求。
- "骗刀法"方法原理。

技能目标

- 可以对普通电极的结构工艺特点制定合理的加工工艺规划方案。
- 可以合理设置不同工序中的各项重要参数，能应用"骗刀法"进行加工，能创建"辅助体"优化刀轨。

任务 3.1   普通电极零件加工

模具加工通常需要电火花(EDM)辅助加工，可加工机械加工无法加工的部位。电火花加工原理就是工具电极与工件发生放电反应，在工件上腐蚀出工具电极的形状，如图 3-1 所示。工具电极也叫铜公，材料通常为石墨、铜等，硬度低，可通过高速加工制作成各种高精度的形状，因存在放电间隙，工具电极的尺寸一般要比工件模腔小 0.2～0.5mm。

3.1 普通电极加工.mp4

本次任务以图 3-2 为例，着重讲解普通电极零件的数控加工参数设置和刀路优化技巧。

图 3-1 电火花加工

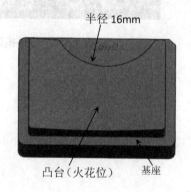

图 3-2 普通电极零件

3.1.1   刀具选择

该零件结构由基座、凸台(火花位)、文字构成。基座侧壁为直身面，凸台顶面为曲面，零件材料为紫铜。零件总体尺寸为 48×38×11.5，凸台凹部圆弧半径为 16，据此分析，刀具拟定采用 D10 平底刀、R3 球头刀、D0.2 刻字刀。

3.1.2　加工工艺规划

根据零件结构特点，拟采用的加工工艺规划为：整体开粗—基座精加工—凸台精加工—刻字加工，具体如表 3-1 所示。

表 3-1　加工工艺规划

序　号	工　步	刀具	加工策略	模拟刀路
1	整体开粗	D10	型腔铣 (Cavity_Mill)	
2	基座顶面精加工	D10	面铣 (Face_Mill)	
3	基座侧壁精加工	D10	平面铣 (Planar_Mill)	
4	凸台侧壁精加工	D10	平面铣 (Planar_Mill)	
5	凸台顶面精加工	BD6	固定轴曲面轮廓铣 (Fixed_Contour)	
6	刻字加工	D0.2	平面刻字加工 (Planar_Text)	

3.1.3 工艺准备

(1) 指定几何体和加工坐标系。利用【电极设计】模块中的【包容块】选项 创建毛坯，如图 3-3 所示。

💡 **注意：** 电极零件的毛坯一般比零件最大外围尺寸单边大 2.5mm。

(2) 创建刀具。单击【创建刀具】按钮 📇，创建 D10 平底刀、R3 球刀、D0.2 刻字刀，如图 3-4 所示。

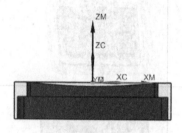

图 3-3 指定几何体和加工坐标系

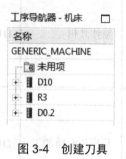

图 3-4 创建刀具

3.1.4 粗加工

(1) 创建整体开粗工序。单击【创建工序】按钮 📇，指定【工序子类型】选项为"型腔铣(Cavity_Mill)"，指定父级组，名称为"整体开粗"，如图 3-5 所示。

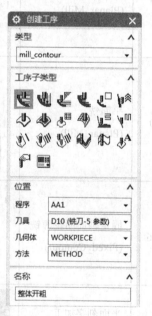

图 3-5 创建"整体开粗"工序

(2) 刀轨设置。各项重要参数设置如图 3-6、图 3-7 所示，未注选项按系统默认值设置。

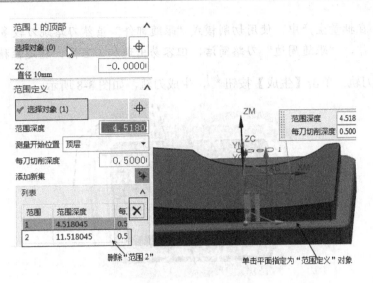

删除"范围 2"　　　　　　　单击平面指定为"范围定义"对象

图 3-6　指定切削层

图 3-7　刀轨设置

💡 **注意：** 在批量生产中，使用切削模式"跟随部件"虽然刀路跳刀较多，但更安全可靠，"跟随周边"刀路简洁，但容易出现加工盲区，稳定性稍差。

(3) 生成刀轨。单击【生成】按钮 ，生成刀轨，如图 3-8 所示。

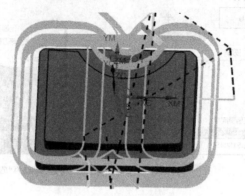

图 3-8　整体开粗刀轨

3.1.5　精加工

1. 基座顶面精加工

(1) 创建基座顶面精加工工序。单击【创建工序】按钮 ，指定【工序子类型】选项为"面铣(Face_Mill)"，指定父级组，名称为"基座顶面精加工"，如图 3-9 所示。指定【指定面边界】选项，如图 3-10 所示。

图 3-9　创建工序

图 3-10 指定面边界

(2) 刀轨设置。各项重要参数设置如图 3-11 所示，未注选项按系统默认值设置。

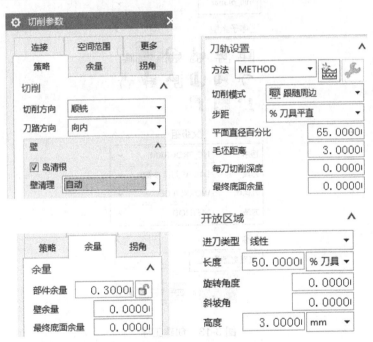

图 3-11 刀轨设置

(3) 生成刀轨。单击【生成】按钮，生成刀轨，如图 3-12 所示。

2. 基座侧壁精加工

(1) 创建基座侧壁精加工工序。单击【创建工序】按钮，指定【工序子类型】选项为 "平面铣(Planar_Mill)"，指定父级组，名称为 "基座侧壁精加工"，如图 3-13 所示。指定部件边界和底面，如图 3-14、图 3-15 所示。

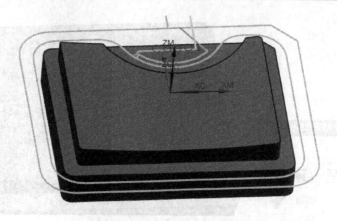

图 3-12　基座顶面精加工刀轨

图 3-13　创建工序

图 3-14　指定部件边界

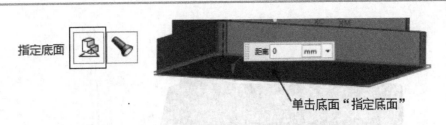

图 3-15　指定底面

(2) 刀轨设置。各项重要参数设置如图 3-16 所示，未注选项按系统默认值设置。

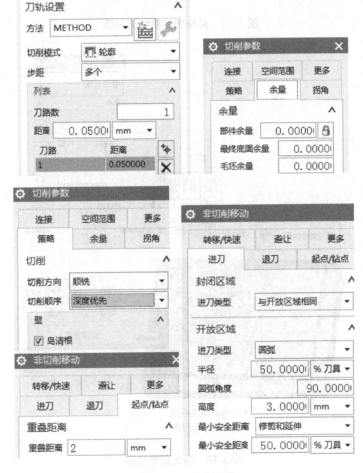

图 3-16　刀轨设置

(3) 生成刀轨。单击【生成】按钮 ，生成刀轨，如图 3-17 所示。

3. 凸台侧壁精加工

(1) 创建凸台侧壁精加工工序。在工序导航器中，单击【基座侧壁精加工】工序，右击并执行【复制】和【粘贴】命令后，重命名为"凸台侧壁精加工"。

(2) 重新指定部件边界和底面，如图 3-18、图 3-19 所示。

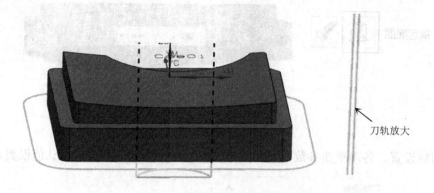

刀轨放大

图 3-17 基座侧壁精加工刀轨

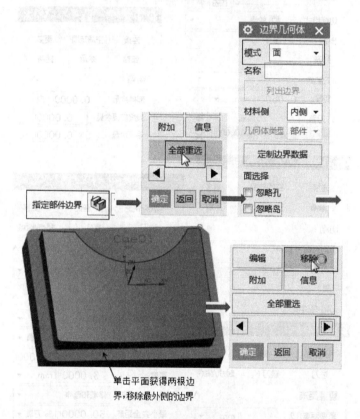

单击平面获得两根边
界，移除最外侧的边界

图 3-18 指定部件边界

指定底面

图 3-19 指定底面

(3) 刀轨设置。修改参数，单击【生成】按钮 ，生成刀轨，如图 3-20 所示。

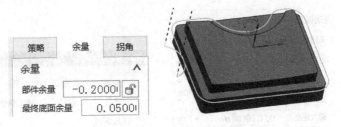

图 3-20　凸台侧壁精加工刀轨

💡 **注意：** 凸台就是火花位，因电火花加工时正负电极必须有放电间隙，故电极的精加
工余量需设置为"负数"，以保证正负电极发生放电反应。

4. 凸台顶面精加工

(1) 创建基座侧壁精加工工序。单击【创建工序】按钮 ，指定【工序子类型】选项
为"固定轮廓铣"，指定父级组，名称为"凸台顶面精加工"，如图 3-21 所示。

图 3-21　创建工序

指定切削区域，如图 3-22 所示。

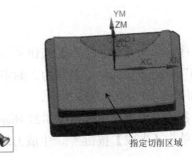

图 3-22　指定切削区域

(2) 刀轨设置。各项重要参数设置如图 3-23 所示,未注选项按系统默认值设置。

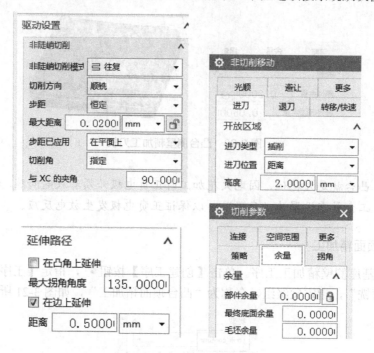

图 3-23 刀轨设置

(3) 生成刀轨。单击【生成】按钮▶️,生成刀轨,如图 3-24 所示。

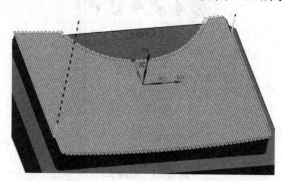

图 3-24 "凸台顶面精加工"刀轨

5. 刻字加工

(1) 创建刻字工序。单击【创建工序】按钮▶️,指定【工序子类型】选项为"平面刻字(PLANAR_TEXT)",指定父级组,名称为"刻字",如图 3-25 所示。指定【指定制图文本】和【指定底面】选项,如图 3-26 所示。

(2) 刀轨设置。各项重要参数设置如图 3-27 所示,未注选项按系统默认值设置。

(3) 生成刀轨。单击【生成】按钮▶️,生成刀轨,如图 3-28 所示。

图 3-25　创建工序

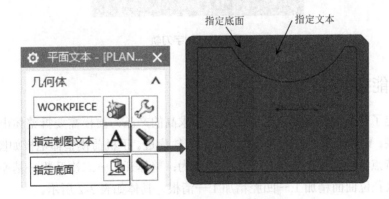

图 3-26　指定制图文本和底面

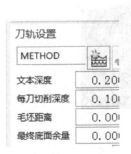

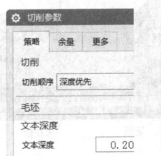

图 3-27　刀轨设置

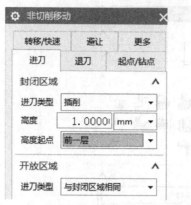
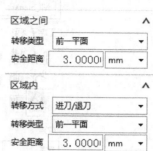

图 3-27　刀轨设置(续)

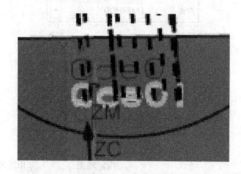

图 3-28　刻字刀轨

3.1.6　技能拓展

前模决定了产品的外观面,对表面质量要求高的产品,前模需要拆整体电极,不允许两个电极相接。整体电极方便消除数控铣削的刀轨痕迹。手机前模整体电极如图 3-29 所示。根据其结构特点,拟采用的整体加工工艺规划为:整体开粗—二次开粗—基座精加工—火花位清根—火花位曲面精加工—凹腔精加工—清根,具体如表 3-2 所示。

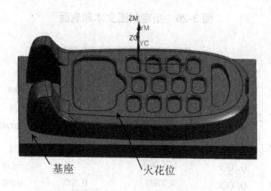

图 3-29　手机前模整体电极

表 3-2　加工工艺规划

序号	工　步	刀　具	加工策略	模拟刀路
1	整体开粗	D10	型腔铣	
2	二次开粗	D4	型腔铣	
3	基座顶面、壁面精加工	D10	面铣、平面铣	
4	火花位清根	D10	平面铣	

续表

序号	工 步	刀 具	加工策略	模拟刀路
5	火花位外围整体曲面精加工	R2	等高铣、曲面铣	
6	腔体精加工	D3R0.2	等高铣	
7	凸耳清根	D3R0.2	等高铣	

任务 3.2　薄壁电极零件加工

　　薄壁电极加工要点是防止变形，尽量一次性完成加工，以避免变形的发生。考虑到放电间隙，电极尺寸要比工件小，因此加工中将采用"骗刀法"技术，使加工的电极比工件小一个放电间隙值。

　　本次任务以图 3-30 零件为例，着重讲解薄壁电极零件的加工工艺方案及参数设置。

3.2　薄壁电极加工.mp4

图 3-30　薄壁电极

3.2.1　刀具选择

　　该零件结构由基座、凸台(火花位)构成。基座侧壁为直身面，凸台顶面为曲面，零件材料为紫铜。零件总体尺寸为 70×30×26mm，薄壁通槽最小宽度为 5.6mm。

据此分析，拟采用 D8、D3 平底刀、R1.5 球头刀共 3 把刀。

3.2.2　加工工艺规划

根据零件结构特点，拟采用的加工工艺规划为：整体开粗—基座精加工—凸台精加工—刻字加工，具体如表 3-3 所示。

表 3-3　加工工艺规划

序　号	工　步	刀　具	加工策略	模拟刀路
1	整体开粗	D8	型腔铣 (Cavity_Mill)	
2	基座侧壁粗、精加工	D8	平面铣 (Planar_Mill)	
4	清角	D8	平面铣 (Planar_Mill)	
5	基座顶面精加工	D8	平面铣 (Planar_Mill)	
6	凸台顶面精加工	R1.5	区域轮廓铣 (Contour_Area)	

续表

序 号	工 步	刀具	加工策略	模拟刀路
7	通槽 粗加工	ED3	平面铣 (Planar_Mill)	
8	通槽 精加工	ED3	平面铣 (Planar_Mill)	
9	凸台外形 精加工	ED3	深度轮廓加工 (Zlevel_Profile)	

3.2.3 工艺准备

(1) 指定几何体和加工坐标系。利用"电极设计"模块中的【包容块】选项 创建毛坯，如图 3-31 所示。

(2) 创建刀具。单击【创建刀具】按钮 ，创建 D8、D3 平底刀、R1.5 球刀，如图 3-32 所示。

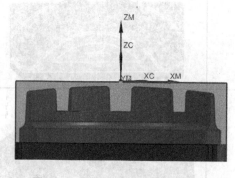

图 3-31 指定几何体和加工坐标系

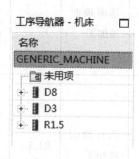

图 3-32 创建刀具

💡 **注意：** 刀具直径越大，径向受力越大，因此加工薄件，尽可能选用小刀。

3.2.4 粗加工

1. 整体开粗

(1) 创建整体开粗工序。单击【创建工序】按钮 ，指定【工序子类型】选项为"型腔铣(Cavity_Mill)"，指定父级组，名称为"整体开粗"，如图 3-33 所示。

图 3-33 创建工序

(2) 刀轨设置。各项重要参数设置如图 3-34、图 3-35 所示，未注选项按系统默认值设置。

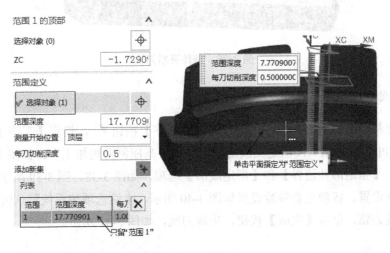

图 3-34 指定切削层

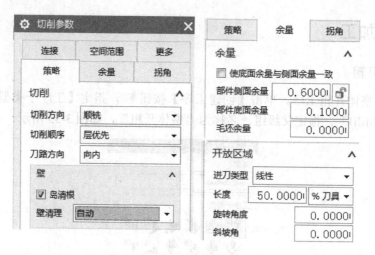

图 3-35　刀轨设置

💡 **注意：** 加工薄壁件时将【切削顺序】选项设置为"层优先"，避免加工变形。薄壁零件的开粗要多留余量，如果余量过少，后续加工部件容易变形。

(3) 生成刀轨。单击【生成】按钮，生成刀轨，如图 3-36 所示。

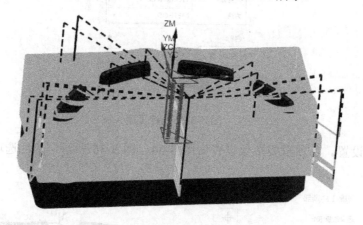

图 3-36　整体开粗刀轨

2. 基座侧壁粗加工

(1) 创建基座侧壁粗加工工序。单击【创建工序】按钮 ，指定【工序子类型】选项为"平面铣(Planar_Mill)"，指定父级组，名称为"基座侧壁粗加工"，如图 3-37 所示。

(2) 指定【指定部件边界】和【指定底面】选项，如图 3-38、图 3-39 所示。

(3) 刀轨设置。各项重要参数设置如图 3-40 所示，未注选项按系统默认值设置。

(4) 生成刀轨。单击【生成】按钮，生成刀轨，如图 3-41 所示。

图 3-37 创建工序

图 3-38 指定部件边界

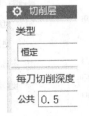

图 3-39 指定底面

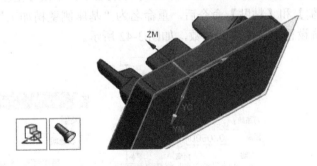

图 3-40 刀轨设置

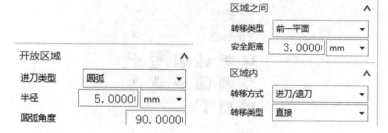

图 3-40　刀轨设置(续)

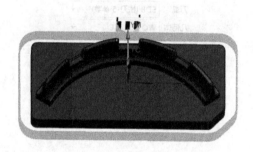

图 3-41　基座侧壁粗加工刀轨

3.2.5　精加工

1. 基座面精加工

(1) 创建基座侧壁精加工工序。在工序导航器中，单击【基座侧壁粗加工】工序，右击并执行【复制】和【粘贴】命令后，重命名为"基座侧壁精加工"。

(2) 刀轨设置。修改部分参数，如图 3-42 所示。

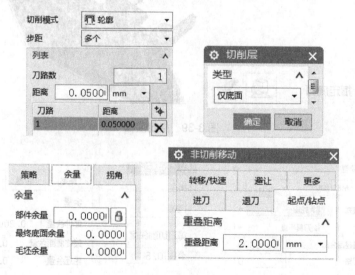

图 3-42　刀轨设置

(3) 生成刀轨。单击【生成】按钮，生成刀轨，如图 3-43 所示。

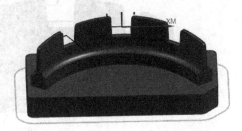

图 3-43　基座侧壁精加工刀轨

2. 清角

(1) 创建清角工序。在工序导航器中，单击"基座侧壁精加工"工序，右击并执行【复制】和【粘贴】命令后，重命名为"清角"。

(2) 指定部件边界和底面。重选【指定部件边界】和【指定底面】选项，如图 3-44、图 3-45 所示。

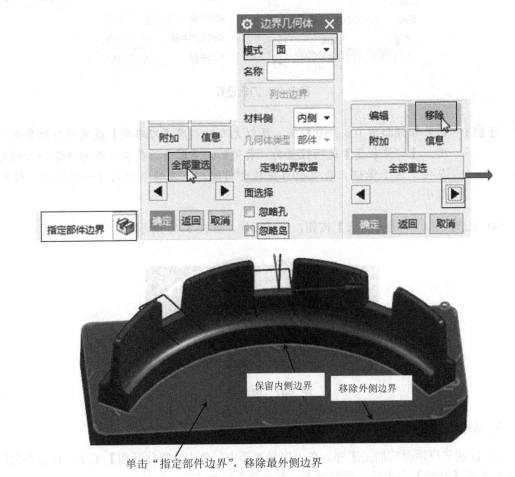

图 3-44　指定部件边界

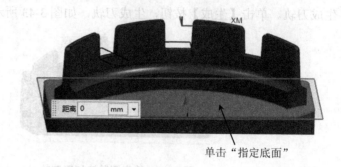

指定底面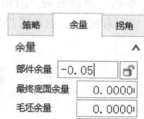

单击"指定底面"

图 3-45　指定底面

(3) 刀轨设置。修改部分参数，如图 3-46 所示。

图 3-46　刀轨设置

💡 **注意：** 因开粗侧面留 0.6 余量较多，所以光刀时利用【刀路数】选项使刀轨多走几次。【部件余量】选项设置为"负值"，是因为该凸台是参与放电加工的火花位，为了保证正负电极存在放电间隙，故工具电极尺寸一般要比工件电极小。

(4) 生成刀轨。单击【生成】按钮，生成刀轨，如图 3-47 所示。

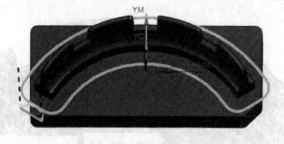

图 3-47　清角刀轨

3. 基座顶面精加工

(1) 创建基座顶面精加工工序。在工序导航器中，单击【整体开粗】工序，右击并执行【复制】和【粘贴】命令后，重命名为"基座顶面精加工"。

(2) 刀轨设置。修改部分参数，如图 3-48 所示。

公共每刀切削深度	恒定
最大距离	51.0000 mm

图 3-48　刀轨设置

注意： 当【最大距离】选项大于加工深度时，则只在深度范围最底部生成一层刀轨。

(3) 生成刀轨。单击【生成】按钮，生成刀轨，如图 3-49 所示。

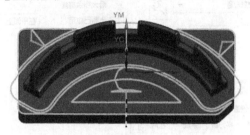

图 3-49　基座顶面精加工刀轨

4. 凸台顶面精加工

(1) 创建凸台顶面精加工工序。单击【创建工序】按钮![icon]，指定【工序子类型】选项为 "固定轮廓铣(Fixed_Contour)"，指定父级组，名称为 "凸台顶面精加工"，如图 3-50 所示。

指定切削区域，如图 3-51 所示。

图 3-50　创建工序

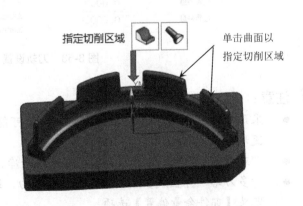

图 3-51　指定切削区域

(2) 驱动设置和刀轨设置。各项重要参数设置如图 3-52、图 3-53 所示，未注选项按系统默认值设置。

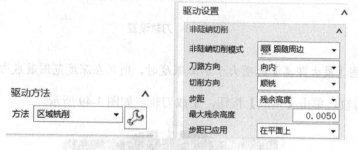

图 3-52 驱动设置

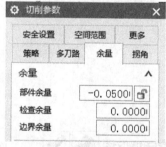

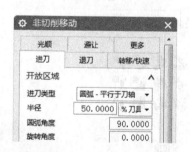

图 3-53 刀轨设置

💡 注意：

- 采用"跟随周边"可使切削力的方向尽可能垂直均匀地施加在电极顶部，以防变形。
- "延伸刀轨"可以使开放曲面周边加工干净，避免残留余量。
- "多刀路"可生成多层刀轨，减少切削力，适合薄壁结构，防止变形。用户可自定义【部件余量偏置】选项。

(3) 生成刀轨。单击【生成】按钮，生成刀轨，如图 3-54 所示。

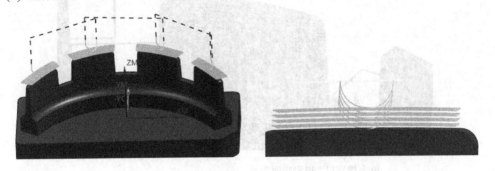

图 3-54　凸台顶面精加工刀轨

5. 通槽粗加工

(1) 创建通槽粗加工工序。在工序导航器中，单击【清角】工序，右击并执行【复制】和【粘贴】命令后，重命名为"通槽粗加工"。

注意：　"凸台顶面精加工"工序应安排在"通槽粗加工"之前，是为了保证顶面加工时的工件强度，防止变形。

(2) 重新指定【指定部件边界】和【指定底面】选项。首先利用【直线】命令，绘制曲线，再重新指定曲线为部件边界，如图 3-55 所示。重新指定底面，如图 3-56 所示。

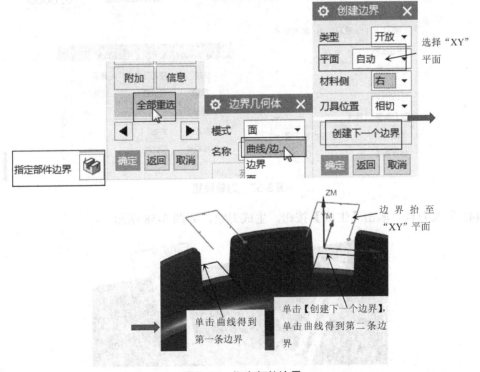

图 3-55　指定部件边界

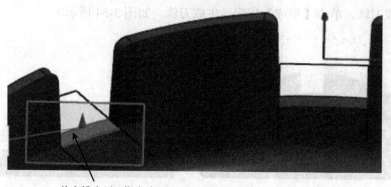

单击槽底以"指定底面"

图 3-56　指定底面

(3) 刀轨设置。修改部分参数，如图 3-57 所示。

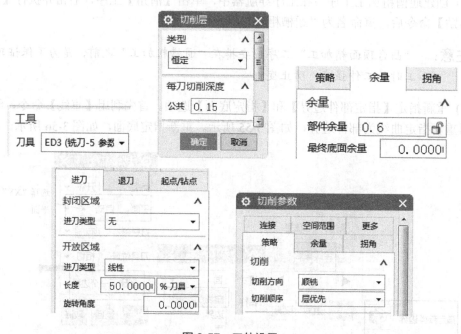

图 3-57　刀轨设置

(4) 生成刀轨。单击【生成】按钮，生成刀轨，如图 3-58 所示。

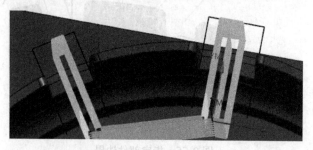

图 3-58　通槽粗加工刀轨

6. 凸台轮廓精加工

(1) 创建凸台轮廓精加工工序。单击【创建工序】按钮，指定【工序子类型】选项为"深度轮廓铣(Zlevel_Profile)"，指定父级组，如图 3-59 所示。

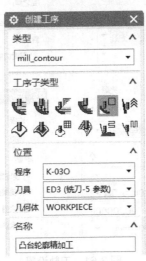

图 3-59　创建工序

(2) 刀轨设置。各项重要参数设置如图 3-60、图 3-61 所示，未注选项按系统默认值设置。

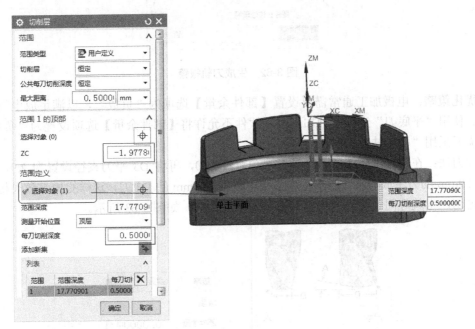

图 3-60　切削层设置

(3) 生成刀轨。单击【生成】按钮，生成刀轨并发生了报警，如图 3-62 所示。因此，需要优化。

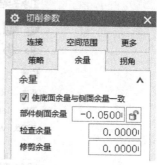

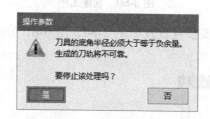

图 3-61　刀轨设置

图 3-62　生成刀轨报警

优化策略：电极加工通常需要设置【部件余量】选项为"负数"，以满足放电间隙的要求。使用"平底刀"进行三轴加工时，软件不允许将【部件余量】选项设置为"负数"，此时需要采用"骗刀法"来解决。

骗刀法：在软件中将【部件余量】选项设置为 0，再将 D3 平刀直径设置为 2.9，用直径为 2.9mm 的刀生成刀轨，但实际加工则用直径为 3mm 的 D3 刀，这样的加工效果相当于部件过切，也就等同于【部件余量】选项为"负数"，如图 3-63 所示。

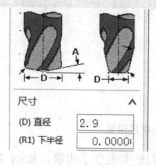

图 3-63　刀轨设置

重新生成刀轨，如图 3-64 所示。

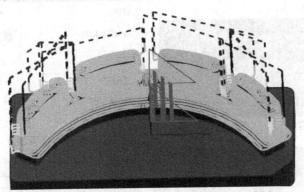

图 3-64　凸台轮廓精加工刀轨

3.2.6　技能拓展

下面介绍利用创建辅助体实现刀轨优化。

采用"等高铣"加工手机电极中的型腔顶部圆角时，发现底部刀轨凌乱，如图 3-65 所示。

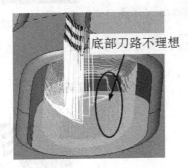

图 3-65　优化前的刀轨

优化策略：圆角底部没有平面，导致刀轨凌乱，可通过创建"辅助体"构建出底平面，以优化刀轨。

创建辅助体操作步骤：单击【复制至图层】按钮 $\boxed{\text{复制至图层(O)}}$，将原模型复制到另一图层，并设置为工作层。单击【包容体】 $\boxed{}$ 按钮，创建"包容块"，单击【拆分体】按钮 $\boxed{}$，分割包容块，单击【求和】按钮，具体如图 3-66 所示。

"辅助体"创建完成，重新生成刀轨，如图 3-67 所示。这种平面圆角一般用圆鼻刀加工，但实际效率很低，最好选用成型刀一刀到位，保证加工效率。

💡 **注意：**　重新指定【几何体】选项为 MCS_MILL，因为当前工序的加工几何体已经发生了改变，不能再使用全局变量 Workpiece。

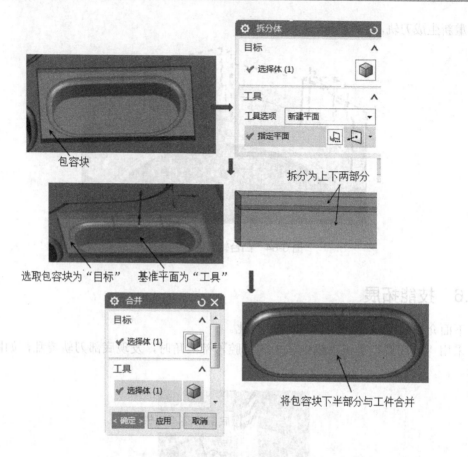

图 3-66　创建辅助体

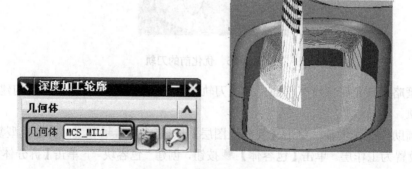

图 3-67　优化后的刀轨

项 目 小 结

(1) 电极加工和一般机械钢料零件加工不同，其材料硬度低，易变形，但加工精度和表面光洁度的要求却很高，需要在一次装夹中完成。因此参数设置显得尤为重要，一个部位往往需要多次走刀以保证达到精度要求。

(2) 电极加工因需要考虑放电间隙，其火花位的【部件余量】选项通常设置为"负数"。采用平底刀进行二维加工可设置【部件余量】选项为"负数"，但平底刀进行三维加工通常采用"骗刀法"来实现【部件余量】选项为"负数"的加工效果。

思考与练习

一、选择题

1. 电火花加工就是工具电极与工件发生(　　)反应，在工件上腐蚀出电极的形状。

　　A. 放电　　　　　　B. 化学　　　　　　C. 物理

2. 工具电极通常也叫(　　)，材料通常为石墨、铜等，可通过高速加工制作成高精度形状。

　　A. 铜公　　　　　　B. 铜模　　　　　　C. 铜棒

3. 采用电火花加工，工具电极的尺寸一般要比工件实际模腔(　　)。

　　A. 大　　　　　　　B. 相等　　　　　　C. 小

4. 在批量生产中，使用切削模式(　　)虽然刀路跳刀较多，但更安全可靠。

　　A. 跟随周边　　　　B. 轮廓　　　　　　C. 跟随部件

5. 加工薄壁件时，【切削顺序】选项设置为(　　)，有效避免零件加工变形。

　　A. 层优先　　　　　B. 深度优先　　　　C. 混合优先

6. 加工开放曲面时，为了使曲面周边加工干净，可以通过设置(　　)的方法，避免曲面边缘存在残留材料。

　　A. 检查体　　　　　B. 缩小刀轨　　　　C. 延伸刀轨

7. 电极火花位通常需要设置【部件余量】选项为(　　)，以满足放电间隙的要求。

　　A. 正数　　　　　　B. 负数　　　　　　C. 零

8. "骗刀法"加工时，若放电间隙为 0.1mm，实际加工用 D8 平刀，【部件余量】选项设置为"0"，则在软件中刀具直径应设置为(　　)来生成刀轨。

　　A. 8　　　　　　B. 7.9　　　　　　C. 8.1　　　　　　D. 7.8

9. 刀具直径越大，径向受力越大，加工薄件，尽可能选(　　)。

　　A. 小直径刀具　　　　　　　　B. 大直径刀具

　　C. 球头刀　　　　　　　　　　D. 平底刀

10. 薄壁零件的开粗要(　　)留余量，防止后续精加工时部件变形。

　　A. 多　　　　　　B. 少　　　　　　C. 余量为 0

二、练习题

扫描二维码，下载模型图档，完成如图 3-68 所示电极零件自动编程刀轨。

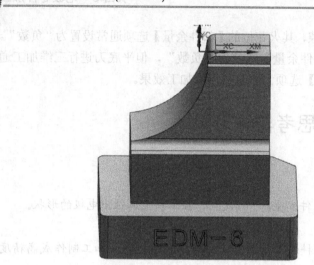

图 3-68　电极零件模型

项目 4　模具零件加工

知识要点

- 模具零件结构分析与加工工艺规划。
- 刀轨优劣性分析。

技能目标

- 可以对典型前、后模零件进行结构分析，制定合理的加工工艺规划方案。
- 可以合理设置不同工序中的各项重要参数，能进行结构处理并优化刀轨。

任务 4.1　游戏机面壳前模加工

塑料制件需要通过前后模配合注塑而成，如图 4-1 所示。
前模也称定模、母模，是产品外表面主要的模具成型型腔，
一般典型的塑料前模会有如图 4-2 所示的结构部分。

- 分型面：后模和前模在合模时的接触面。
- 碰穿面：如产品表面有孔，模具的孔位便称为碰穿
  面，即前后模要完全接触，让注塑无法填充这部分，
  以形成产品的孔。

4.1　游戏机面壳前模加工.mp4

- 枕位面：如产品有一个缺口，分模时该缺口抽出的分型面便是枕位，它也是分型
  面的一部分，通常作为独立部分来加工。
- 胶位面：型腔部位可以填充塑胶料的地方。

本任务以图 4-2 为例，着重讲解典型模具结构的加工工艺方法和刀路优化技巧。

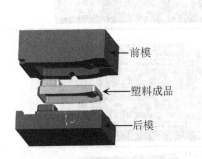

图 4-1　游戏机面壳注塑模具

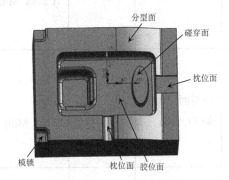

图 4-2　游戏机面壳前模

4.1.1　刀具选择

该零件结构由分型面、碰穿面、枕位面等多个曲面区域构成，材料为塑料模具钢，耐

磨性强，具有优良的切削加工性、抛光性。零件整体尺寸为 150mm ×120mm ×55mm，根据图 4-3 所示尺寸，加工刀具拟定采用 D16R0.8 圆鼻刀、D8 平底刀、D4 平底刀、R4 球刀。

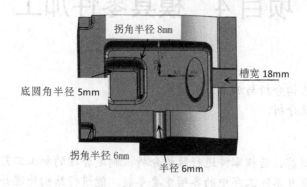

图 4-3　主要结构尺寸

4.1.2　加工工艺规划

前模中的分型面要与后模配合，所以加工精度要求较高，精加工余量留为 0。一般碰穿面留余量 0.05mm，胶位面留余量 0.25mm，电火花(EDM)的部位留余量 0.3mm。

根据零件结构特点，拟采用的加工工艺规划为：整体开粗—分型面平面光刀—二次开粗—三次开粗—中光刀—分型面光刀—枕位面及模锁光刀，具体如表 4-1 所示。

表 4-1　加工工艺规划

序号	工　步	刀　具	加工策略	模拟刀路
1	整体开粗	D16R0.8	型腔铣 (Cavity_Mill)	
2	分型面平面精加工(光刀)	D16R0.8	面铣 (Face_Mill)	
3	二次开粗	D8	型腔铣 (Cavity_Mill)	

序号	工　步	刀　具	加工策略	模拟刀路
4	三次开粗	D4	型腔铣 (Cavity_Mill)	
5	半精加工 (中光刀)	D8	深度轮廓加工 (Zlevel_Profile)	
6	分型面 精加工 (光刀)	R4	固定轴轮廓铣 (Fixed_Contour)	
7	枕位面及模锁 精加工(光刀)	D4	深度轮廓加工 (Zlevel_Profile)	

4.1.3　工艺准备

指定部件、毛坯和加工坐标系，如图 4-4 所示。单击【创建刀具】按钮 ，创建 D16R0.8、D8、D4、D8、R4 四种刀具，如图 4-5 所示。

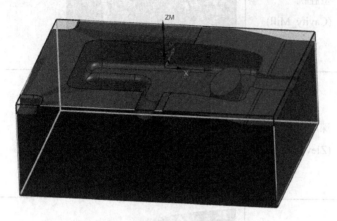

图 4-4　创建几何体和加工坐标系

工序导航器 - 机床

名称
GENERIC_MACHINE
未用项
＋　ED16R0.8
＋　ED8
＋　BD8R4
＋　ED4

图 4-5　创建刀具

4.1.4　整体开粗

(1) 创建整体开粗工序。单击【创建工序】按钮 ，指定【工序子类型】选项为"型腔铣(Cavity_Mill)"，指定父级组，如图 4-6 所示。

图 4-6　创建工序

(2) 刀轨设置。各项重要参数设置如图 4-7 所示，未注选项按系统默认值设置。

图 4-7 刀轨设置

(3) 生成刀轨。单击【生成】按钮，生成刀轨，如图 4-8 所示。此处发现刀轨不够简洁，工件外有废刀轨，需优化。

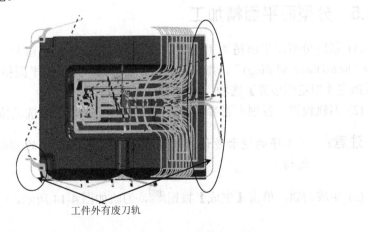

工件外有废刀轨

图 4-8 优化前的刀轨

优化策略：指定【指定修剪边界】选项，选取工件底面的边界曲线，去除工件外多余刀轨，如图 4-9 所示。

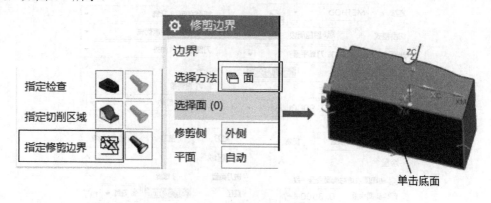

图 4-9　指定修剪边界

重新生成刀轨，如图 4-10 所示。

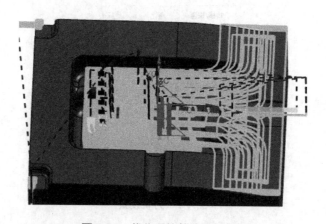

图 4-10　优化后的整体开粗刀轨

4.1.5　分型面平面精加工

(1) 创建分型面平面精加工工序。单击【创建工序】按钮 ，指定【工序子类型】选项为"面铣(Face_Milling)"，指定父级组，名称为"分型面平面精加工"，如图 4-11 所示。然后指定【指定面边界】选项，如图 4-12 所示。

(2) 刀轨设置。各项重要参数设置如图 4-13 所示，未注选项按系统默认值设置。

💡 **注意**：　该工序的壁余量设为 0.4mm，大于前一工序的侧面余量 0.35mm，可防止过切。

(3) 生成刀轨。单击【生成】按钮 ，刀轨如图 4-14 所示。

图 4-11　创建工序

图 4-12　指定面边界

图 4-13　刀轨设置

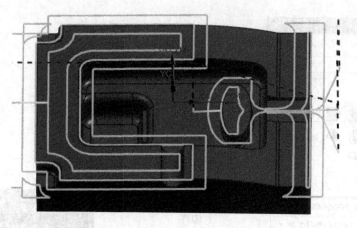

图 4-14　分型面平面精加工刀轨

4.1.6　二次开粗与三次开粗

1. 二次开粗

(1) 创建二次开粗工序。在工序导航器中,单击"整体开粗"工序,右击并执行【复制】和【粘贴】命令后,重命名为"二次开粗"。

(2) 刀轨设置。各项重要参数设置如图 4-15 所示,未注选项按系统默认值设置。

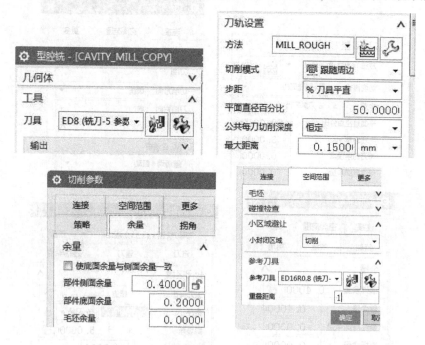

图 4-15　刀轨设置

(3) 生成刀轨。单击【生成】按钮，刀轨如图 4-16 所示。

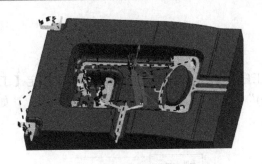

图 4-16　二次开粗刀轨

2. 三次开粗

(1) 创建三次开粗工序。在工序导航器中，单击"二次开粗"工序，右击并执行【复制】和【粘贴】命令后，重命名为"三次开粗"。

(2) 刀轨设置。各项重要参数设置如图 4-17 所示，未注选项按系统默认值设置。

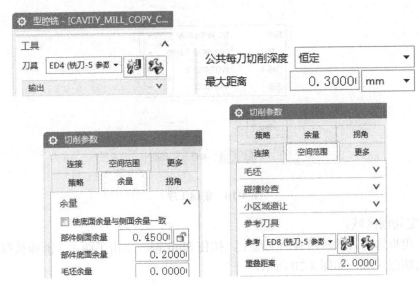

图 4-17　刀轨设置

(3) 生成刀轨。单击【生成】按钮，刀轨如图 4-18 所示。

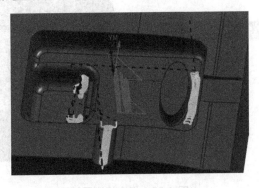

图 4-18　三次开粗刀轨

4.1.7 半精加工

(1) 创建半精加工工序。单击【创建工序】按钮 ，指定【工序子类型】选项为"深度轮廓铣(Zlevel_Profile)"，指定父级组，名称为"半精加工"，如图 4-19 所示。

图 4-19 创建工序

(2) 指定切削区域。

技巧：用框选的方式将所有面全选上，按住 Shift 键，单击平面，平面即被取消选择，剩下的则为切削区域，如图 4-20 所示。

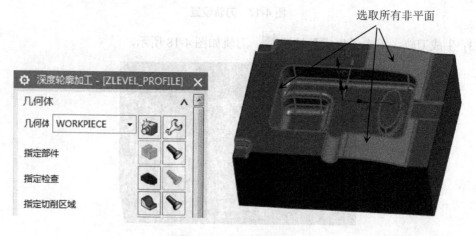

图 4-20 指定切削区域

(3) 刀轨设置。各项重要参数设置如图 4-21 所示，未注选项按系统默认值设置。

图 4-21　刀轨设置

注意：　等高铣加工封闭曲面时，【切削方向】选项设为"顺铣"；但加工开放曲面时，
【切削方向】选项最好设为"混合"，以减少跳刀，便于刀路连续，提高效率。

(4) 生成刀轨。单击【生成】按钮，刀轨如图 4-22 所示。

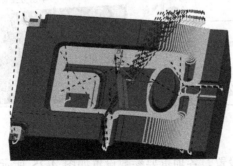

图 4-22　半精加工刀轨

4.1.8 曲面精加工

1. 平坦分型曲面精加工

(1) 创建平坦分型曲面精加工工序。单击【创建工序】按钮 ，指定【工序子类型】选项为"固定轴轮廓铣(Fixed_Contour)"，指定父级组，如图 4-23 所示。指定切削区域及驱动方法，如图 4-24 所示。

图 4-23 创建工序

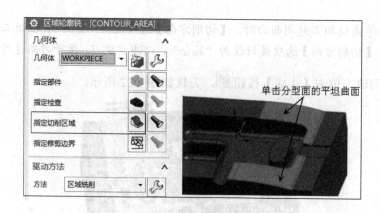

图 4-24 指定切削区域

(2) 驱动设置和刀轨设置。各项重要参数设置如图 4-25 所示，未注选项按系统默认值设置。

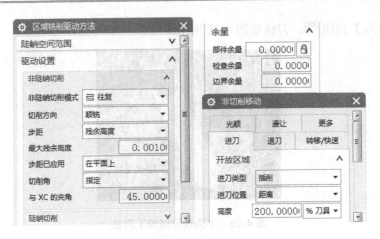

图 4-25　参数设置

(3) 生成刀轨。单击【生成】按钮，刀轨如图 4-26 所示。

图 4-26　平坦分型面精加工刀轨

2. 枕位曲面精加工

(1) 半圆枕位精加工。为避免刀路弯曲导致枕位棱角变钝，需对枕位曲面单独加工。

在工序导航器中，单击"平坦分型曲面精加工"工序，右击并执行【复制】和【粘贴】命令后，重命名为"半圆枕位精加工"。

设置【指定切削区域】选项，选择枕位曲面为切削区域，如图 4-27 所示。

单击半圆面

图 4-27　指定切削区域

单击【生成】按钮，刀轨如图 4-28 所示。

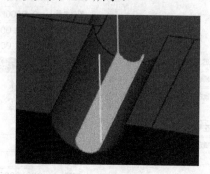

图 4-28　半圆枕位精加工刀轨

(2) 通槽枕位壁面精加工。

在工序导航器中，单击"半精加工"工序，右击并执行【复制】和【粘贴】命令，重命名为"通槽枕位壁面精加工"。设置【指定切削区域】选项，如图 4-29 所示，选择通槽枕位斜壁面为切削区域，如图 4-30 所示。

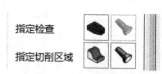

图 4-29　指定切削区域

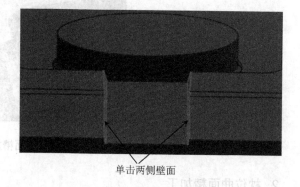

单击两侧壁面

图 4-30　选择切削区域

修改相关参数设置，如图 4-31 所示。

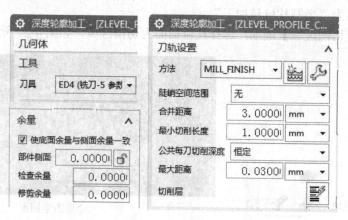

图 4-31　刀轨设置

单击【生成】按钮 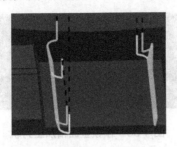 ，刀轨如图 4-32 所示。

图 4-32 通槽枕位壁面精加工刀轨

3. 模锁壁面精加工

(1) 创建模锁壁面精加工工序。

在工序导航器中，单击"半精加工"工序，右击并执行【复制】和【粘贴】命令后，重命名为"模锁壁面精加工"。设置【指定切削区域】选项，选择模锁的侧壁面为切削区域，如图 4-33 所示。

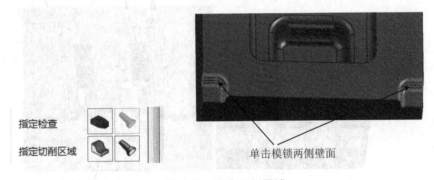

图 4-33 指定切削区域

(2) 刀轨设置。修改相关【刀轨设置】参数，如图 4-34 所示。

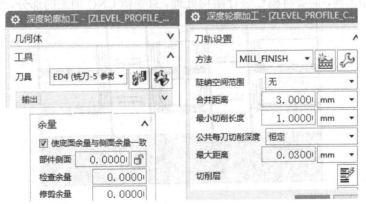

图 4-34 刀轨设置

💡 **注意：** 用平刀加工曲面时，每层切削深度一定要小，才能保证光洁度。

(3) 生成刀轨。单击【生成】按钮 ![icon]，刀轨如图 4-35 所示。

图 4-35　模锁壁面精加工刀轨

4.1.9　技能拓展

模仁是模具中心部位的关键精密零件，其结构复杂，加工难度大，造价高。模仁加工的基本工艺流程一般为：磨削(毛坯六面)—钻孔—线切割(通槽、斜孔等)—CNC 加工(铣模仁主体)—EDM 加工(电火花)—钳工—品管(尺寸检测)，如图 4-36 所示。

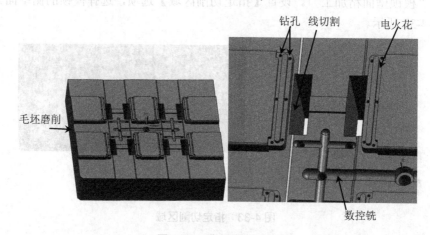

图 4-36　典型模仁结构

在 CNC 加工前，需要将模仁进行结构处理，只保留 CNC 加工的部分，如图 4-37 所示。

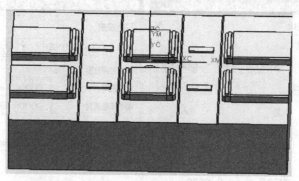

图 4-37　结构处理后的模仁

同时将流道部分从模仁中提取分离，形成独立零件，如图 4-38 所示。

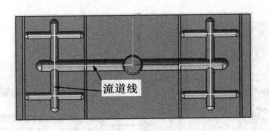

流道线

图 4-38　提取的流道体

1. 模仁结构处理

(1) 将零件复制至图层。

操作步骤：选择零件，选择【格式】|【复制至图层】命令，单击【图层设置】按钮，再将图层 201 设置为工作图层，如图 4-39 所示。

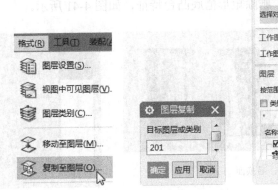

图 4-39　零件复制至图层

(2) 移除孔特征。

操作步骤：单击【同步建模】工具栏中的【删除面】按钮 ，选择孔面，移除小孔特征，如图 4-40 所示。

小孔特征被删除

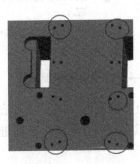

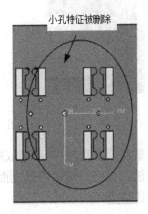

图 4-40　删除小孔特征

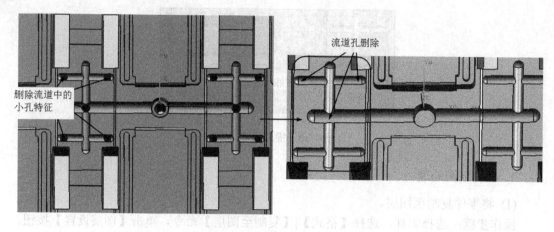

删除流道中的
小孔特征

流道孔删除

图 4-40　删除小孔特征(续)

(3) 移除矩形通槽特征。

单击【替换面】按钮，删除矩形槽底凸台特征，如图 4-41 所示。

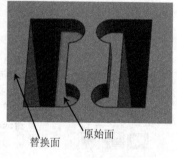

替换面

原始面

图 4-41　删除凸台特征

再单击【替换面】按钮，选取槽两侧面，出现"无法替换"报警，如图 4-42 所示。

替换面

原始面

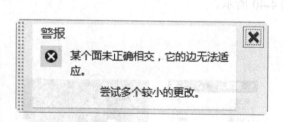

警报

某个面未正确相交，它的边无法适
应。

尝试多个较小的更改。

图 4-42　矩形槽替换面失败

换用【删除面】选项，选取矩形槽侧面，出现"无法删除"报警，如图 4-43 所示。

解决方法：先将该矩形槽的侧面进行偏置，再重新进行"替换面"操作，矩形槽成功删除，如图 4-44 所示。

单击矩形四个侧
面进行删除

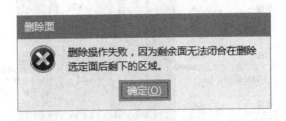

图 4-43　矩形槽删除面失败

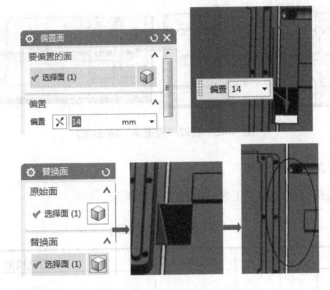

图 4-44　删除矩形槽特征

2. 提取流道特征

操作步骤：单击【包容体】按钮🔲，创建方块包容流道区域，单击【相交】按钮，
求得"模仁"与"包容体"的相交部分——隐藏模仁，提取出单独的"流道体"特征，单击
【修剪体】按钮，修剪多余的结构，具体过程如图 4-45 所示。

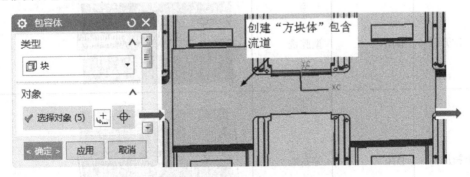

图 4-45　提取"流道体"特征

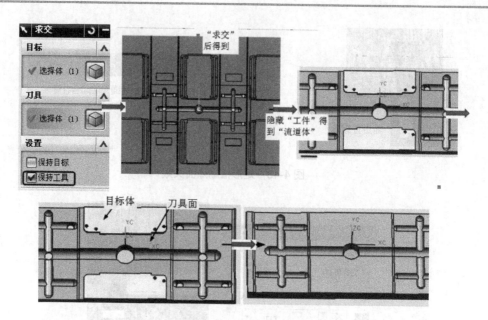

图 4-45 提取"流道体"特征(续)

3. 模仁 CNC 加工工艺规划

模仁主体结构拟采用的加工工艺规划如表 4-2 所示。

表 4-2 加工工艺规划

序号	工 步	刀 具	加工策略	刀轨模拟
1	整体开粗	D16R0.8	型腔铣	
2	二次开粗	D10	型腔铣	
3	半精加工	D10	等高铣	

高职高专数控技术应用专业规划教材

序号	工　步	刀　具	加工策略	刀轨模拟
4	清根	D3	型腔铣	
5	平面精加工	D10	面铣	
6	凸台侧面精加工	D6R0.5	固定轴轮廓铣、等高铣	
7	大凸台清根、小凸台侧面精加工	D3	等高铣	
8	流道体精加工	R2、R1.5、R1、D4	固定轴轮廓铣、平面铣、等高铣	

任务 4.2　游戏机面壳后模加工

　　后模，也称动模或公模，动模型芯为塑料外壳的内表面，精度没有前模要求高。后模型芯采用整体式设计，枕位是后模加工难点。柱位孔留至钻床加工，因此在数控加工(CNC)前须将柱位孔修补好。CNC 无法完成的部位，后续留至电火花(EDM)加工。

4.2　游戏机面壳后模加工.mp4

　　模具装配时，前后模的枕位及分型面需保证高精密配合，所以通常后模分型面要留有 0.1mm 的余量供模具钳工打磨。本次任务以图 4-46 为例，着重讲解典型模具结构的加工工艺方法和刀路优化技巧。

4.2.1　刀具选择

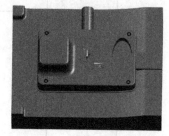

图 4-46　游戏机面壳后模

　　该零件材料为模具钢，预硬至 HB290～330，具有优良的切削加工性、抛光性等。零件总体尺寸为 150×120×55，加工刀具拟定采用 D16R0.8 圆鼻刀、D8、D4 平底刀、R4 球刀。

4.2.2　加工工艺规划

　　此处分型面及胶位面都应精加工至尺寸精度要求，其余 CNC 加工不到的部位留余量 0.35mm，留待 EDM 清角。

　　根据零件结构特点，拟采用的加工工艺规划为：整体开粗—水平分型面精加工(光刀)—二次开粗—三次粗加工—半精加工(中光刀)—分型面、胶位面精加工(光刀)—枕位面清角，具体如表 4-3 所示。

表 4-3　加工工艺规划

序号	工　步	刀　具	加工策略	模拟刀路
1	整体开粗	D16R0.8	型腔铣(Cavity_Mill)	

序号	工　步	刀　具	加工策略	模拟刀路
2	二次开粗	D8	深度轮廓加工 (Zlevel_Profile)	
3	三次开粗	D4	深度轮廓加工 (Zlevel_Profile)	
4	半精加工	D8	深度轮廓加工 (Zlevel_Profile)	
5	水平分型面精加工	D16R0.8	面铣(Face_Mill)	
6	分型面曲面、胶面(光刀)	R4	固定轴轮廓铣 (Fixed_Contour)	

4.2.3　工艺准备

(1) 结构处理，移除柱位孔。

由于柱位孔留至钻床加工，为避免柱位孔对刀轨的影响，须在数控加工前移除柱位孔。

操作步骤：单击【替换面】按钮 ，选取"内孔底面"为"原始面"，"内孔顶面"为"替换面"，如图 4-47 所示。

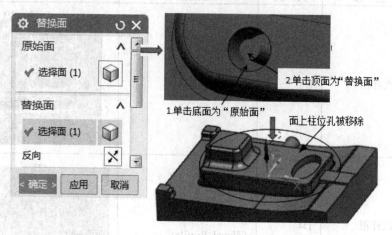

图 4-47　删除柱位孔

(2) 指定部件、毛坯和加工坐标系。如图 4-48 所示，创建 D16R0.8、D8、D4、R4 四种刀具，如图 4-49 所示。

💡 **注意：** 在定义部件几何时，需将柱位孔的补面作为加工体一起选上。

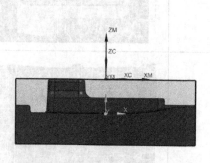

图 4-48　指定几何体和加工坐标系

图 4-49　创建刀具

4.2.4　粗加工

1. 整体开粗

(1) 创建整体开粗工序。单击【创建工序】按钮，指定【工序子类型】选项为"型腔铣(Cavity_Mill)"，指定父级组，名称为"整体开粗"，如图 4-50 所示。

(2) 刀轨设置。各项重要参数设置如图 4-51 所示，未注选项按系统默认值设置。

💡 **注意：** 型芯类零件【刀路方向】选项多设置为"向内"，可在工件外进刀，安全性高。

图 4-50　创建工序

图 4-51　刀轨设置

（3）生成刀轨。单击【生成】按钮，刀轨如图 4-52 所示。该刀轨不够简洁，工件外有废刀轨，需优化。

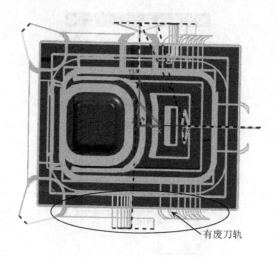

图 4-52 优化前的刀轨

　　优化策略：指定工件底面的边界曲线为"修剪边界"，用来修剪工件外多余刀轨，如图 4-53 所示。

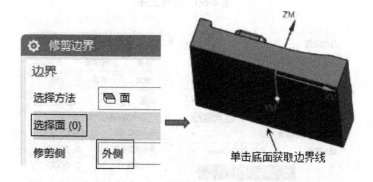

图 4-53 指定修剪边界

重新生成刀轨，如图 4-54 所示。

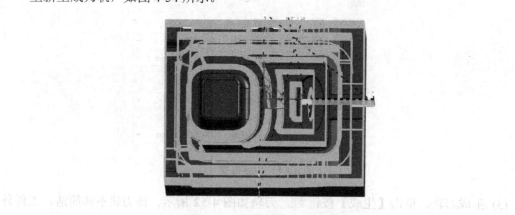

图 4-54 优化后的整体开粗刀轨

2. 二次开粗

(1) 创建二次开粗工序。单击【创建工序】按钮，指定【工序子类型】选项为"深度轮廓铣(Zlevel_Profile)"，指定父级组，名称为"二次开粗"，如图 4-55 所示。

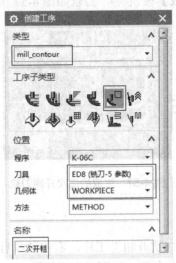

图 4-55　创建工序

(2) 刀轨设置。各项重要参数设置如图 4-56 所示。未注选项按系统默认值设置。

图 4-56　刀轨设置

💡 **注意:** 利用等高铣加工开放区域时,指定【切削方向】选项为"混合",可减少跳刀。

(3) 生成刀轨。单击【生成】按钮,刀轨如图 4-57 所示。

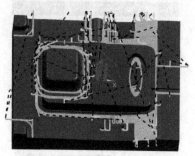

图 4-57   生成的二次开粗刀轨

3. 三次开粗

在工序导航器中,单击"二次开粗"工序,右击并执行【复制】和【粘贴】命令,重命名为"三次开粗"。修改部分参数,如图 4-58 所示。

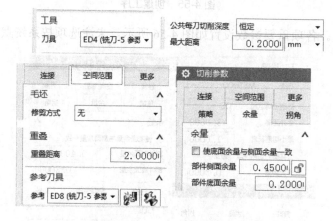

图 4-58   刀轨设置

单击【生成】按钮,刀轨如图 4-59 所示。

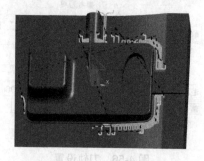

图 4-59   生成的三次开粗刀轨

4.2.5　半精加工

1. 模锁壁面半精加工

(1) 创建模锁壁面半精加工工序。在工序导航器中，单击"三次开粗"工序，右击并执行【复制】和【粘贴】命令，重命名为"模锁壁面半精加工"。

设置【指定切削区域】选项，选择模锁侧壁面为切削区域，如图 4-60 所示。

图 4-60　指定切削区域

(2) 刀轨设置。修改部分参数，如图 4-61 所示。

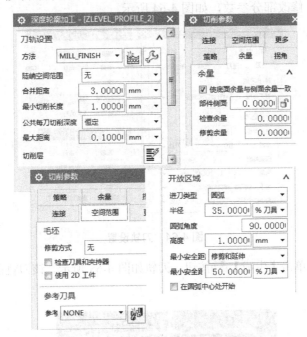

图 4-61　刀轨设置

(3) 生成刀轨。单击【生成】按钮，刀轨如图 4-62 所示。

图 4-62　生成的模锁壁面半精加工刀轨

2. 胶位面上部半精加工

(1) 创建模锁壁面半精加工工序。在工序导航器中，单击"模锁壁面半精加工"工序，右击并执行【复制】和【粘贴】命令，重命名为"胶位面上部半精加工"。

设置【指定切削区域】选项，指定胶位侧壁面为切削区域，如图 4-63 所示。

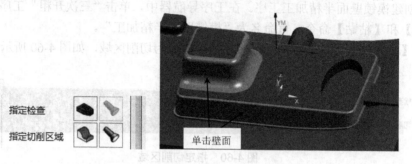

图 4-63　指定侧壁面为切削区域

(2) 刀轨设置。修改部分参数，如图 4-64 所示。

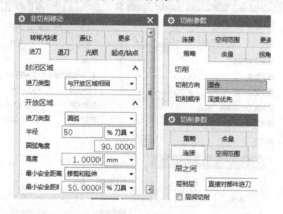

图 4-64　刀轨设置

(3) 生成刀轨。单击【生成】 按钮，刀轨如图 4-65 所示。该刀轨在底部连续性差，需优化。

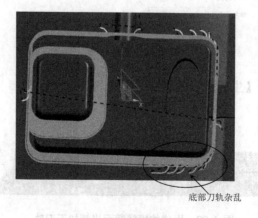

图 4-65　优化前的刀轨

优化策略: 由于切削区域外形连续性差,刀轨在壁面下部会被其他结构干涉,因此需重新定义"切削层"深度,选取枕位的矩形平面,限制深度,可使刀轨连续,如图 4-66 所示。

图 4-66　指定切削范围深度

重新生成刀轨,如图 4-67 所示。

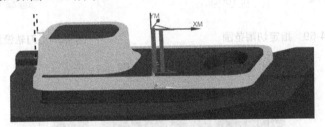

图 4-67　优化后的胶位面上部半精加工刀轨

3. 胶位面下部半精加工

(1) 创建胶位面下部半精加工工序。在工序导航器中,单击"胶位面上部半精加工"工序,右击并执行【复制】和【粘贴】命令,重命名为"胶位面下部半精加工"。

设置【指定切削区域】选项,选择胶位面为切削区域,如图 4-68 所示。

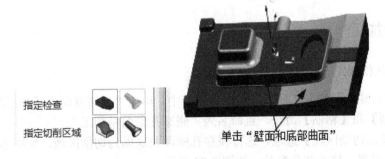

图 4-68　指定切削区域

(2) 单击【范围 1 的顶部】选择对象,在绘图区选取矩形枕位顶部平面;再单击【范围定义】选择对象,在绘图区选取分型面。从而完成对加工范围的定义,如图 4-69 所示。

(3) 刀轨设置。修改部分参数，如图 4-70 所示。

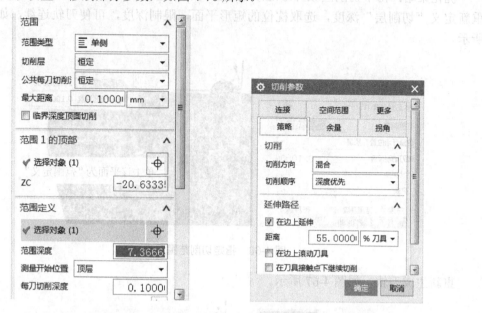

图 4-69　指定切削范围　　　　　　　　图 4-70　刀轨设置

(4) 生成刀轨。单击【生成】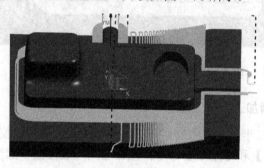按钮，刀轨如图 4-71 所示。

图 4-71　胶位面下部半精加工刀轨

4.2.6　精加工

1. 碰穿孔精加工

(1) 创建碰穿孔精加工工序。在工序导航器中，单击"模锁壁面半精加工"工序，右击并执行【复制】和【粘贴】命令，重命名为"碰穿孔壁面精加工"。

设置【指定切削区域】选项，选择碰穿孔壁面及底面为切削区域，如图 4-72 所示。

(2) 刀轨设置。修改部分参数，如图 4-73 所示。

💡 注意：加工面是封闭面，将【切削方向】选项设置"顺铣"可减少跳刀次数；将【层到层】选项设置为"沿部件斜进刀"，可避免踩刀。

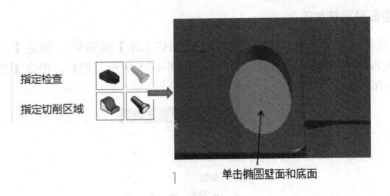

指定检查

指定切削区域

单击椭圆壁面和底面

图 4-72　指定切削区域

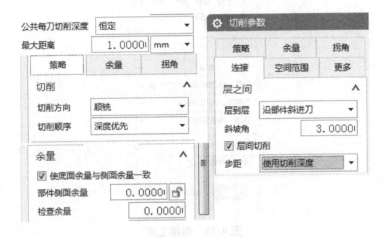

图 4-73　刀轨设置

(3) 生成刀轨。单击【生成】按钮，刀轨如图 4-74 所示。

图 4-74　碰穿孔壁面精加工刀轨

2. 分型面平面精加工

(1) 创建分型面平面精加工工序。单击【创建工序】按钮 ![btn]，指定【工序子类型】选项为"面铣(Face_Milling)"，指定父级组，如图 4-75 所示。然后，指定【指定面边界】选项，如图 4-76 所示。

图 4-75 创建工序

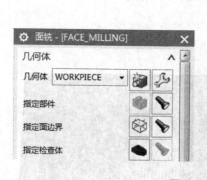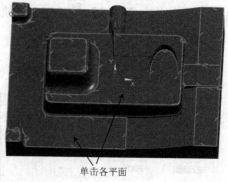

单击各平面

图 4-76 指定面边界

(2) 刀轨设置。各项重要参数设置见图 4-77，未注选项按系统默认值设置。

💡 **注意:** 当每刀深度设为"0"时，将只会生成一层刀轨。

(3) 生成刀轨，刀轨如图 4-78 所示。

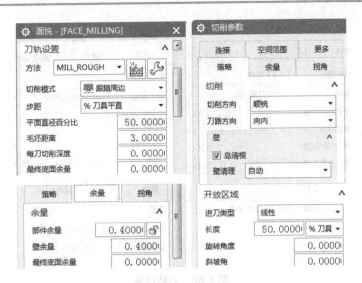

图 4-77　刀轨设置

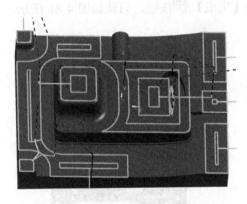

图 4-78　分型面平面精加工刀轨

3. 分型面清角

(1) 在工序导航器中，单击"分型面平面精加工"工序，右击并执行【复制】和【粘贴】命令，重命名为"分型面清角"。设置【指定面边界】选项，选择分型平面，如图 4-79 所示。

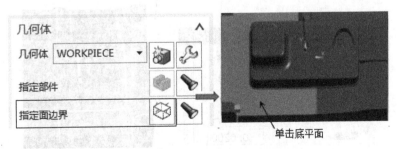

图 4-79　指定面边界

(2) 刀轨设置。修改部分参数，如图 4-80 所示。

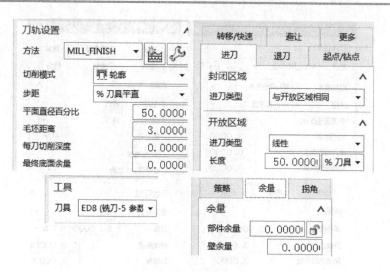

图 4-80　刀轨设置

(3) 生成刀轨。单击【生成】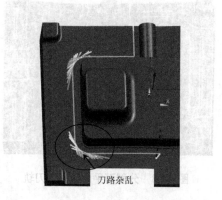 按钮，刀轨如图 4-81 所示。该清角刀轨杂乱，达不到清角效果，需优化。

图 4-81　优化前的刀轨

优化策略：当模型本身存有一些质量缺陷时，尝试调整余量，重新生成刀轨，如图 4-82 所示。

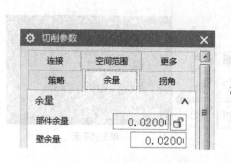
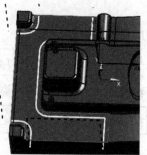

图 4-82　优化后的分型面清角刀轨

4. 陡峭分型曲面精加工

(1) 单击【创建工序】按钮 ，指定【工序子类型】选项为"固定轴轮廓铣 (Fixed_Contour)"，指定父级组，名称为"陡峭分型曲面精加工"，如图 4-83 所示。

图 4-83　创建工序

指定切削区域，如图 4-84 所示。

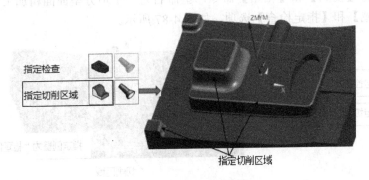

图 4-84　指定切削区域

(2) 刀轨设置。各项重要参数设置如图 4-85 所示，未注选项按系统默认值设置。

💡 **注意：** 　加工平缓曲面，通常设置【步距已应用】选项为"在平面上"；加工陡峭曲面，设置【步距已应用】选项为"在部件上"，可使刀轨步距均匀，但对机床性能要求较高，需慎用。

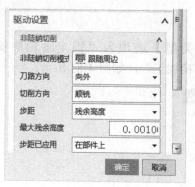

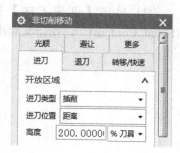

图 4-85　刀轨设置

(3) 生成刀轨。单击【生成】按钮，如图 4-86 所示。

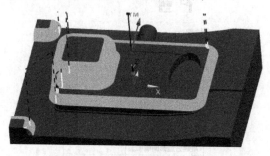

图 4-86　生成的陡峭分型曲面精加工刀轨

5. 平坦分型曲面精加工

(1) 创建平坦分型曲面精加工工序。在工序导航器中，单击"陡峭分型曲面精加工"工序，右击并执行【复制】和【粘贴】命令，重命名为"平坦分型曲面精加工"。重新指定【指定切削区域】和【指定检查】选项，如图 4-87 所示。

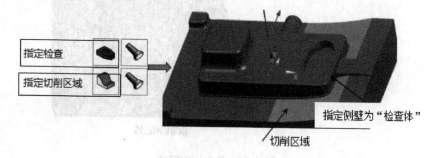

图 4-87　指定切削区域

(2) 刀轨设置。修改部分参数，如图 4-88 所示。

(3) 生成刀轨。单击【生成】按钮，刀轨如图 4-89 所示。

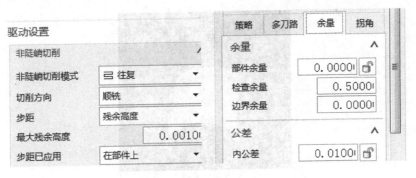

图 4-88　刀轨设置

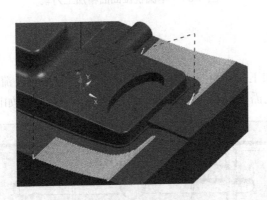

图 4-89　平坦分型曲面精加工刀轨

6. 半圆枕位曲面精加工

(1) 创建半圆枕位曲面精加工工序。在工序导航器中，单击"平坦分型曲面精加工"工序，右击并执行【复制】和【粘贴】命令，重命名为"半圆枕位曲面精加工"。重新指定【指定切削区域】和【指定检查】选项，如图 4-90 所示。

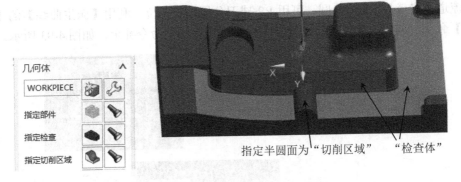

图 4-90　指定切削区域和指定检查

(2) 生成刀轨。单击【生成】 按钮，刀轨如图 4-91 所示。

图 4-91 半圆枕位曲面精加工刀轨

4.2.7 技能拓展

注塑模具流道的加工质量直接关系到注塑产品制件的品质，流道加工有着与一般零件不同的加工特点。首先需要提取"流道线"为后续加工做准备，如图 4-92 所示。

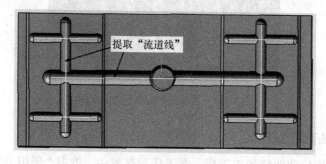

图 4-92 注塑模具模仁

1. R2 主流道加工

该流道本身就是 R2 的半圆，可用 R2 球刀分层加工到位。利用【派生曲线】的【等斜度曲线】命令，创建流道线，但线段不完整，用【直线】命令补全，如图 4-93 所示。

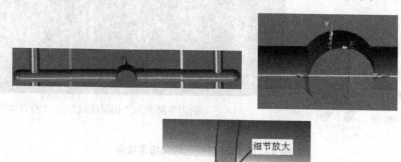

图 4-93 创建流道线

该流道线属于三维形状，需采用"固定轴轮廓铣"的加工方法，刀轨设置如图 4-94 所示。

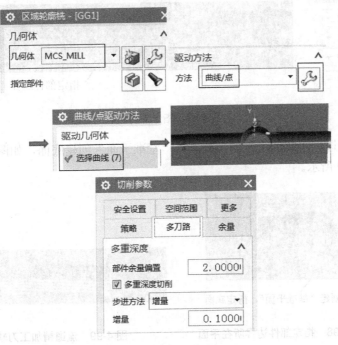

图 4-94　刀轨设置

生成刀轨，如图 4-95 所示。

图 4-95　主流道精加工刀轨

2. R1.5 分流道加工

该流道线为二维形状，需采用"平面铣"加工方法和 R1.5 球刀。执行【直线】命令，创建流道线，如图 4-96 所示。

图 4-96　创建流道线

指定【部件边界】选项，如图 4-97 所示。

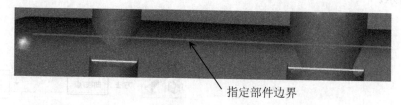

指定部件边界

图 4-97　指定部件边界

要注意部件边界所在的"平面"，利用"基准平面"创建底面，如图 4-98 所示。生成刀轨，如图 4-99 所示。

创建"基准平面"，指定底面

图 4-98　指定部件边界所在平面

图 4-99　流道精加工刀轨

3. R1 分流道加工

该流道的非半圆，需要分粗、精加工。粗加工与 R1.5 分流道加工方法相同，刀具采用 R1 球头刀，刀轨如图 4-100 所示。

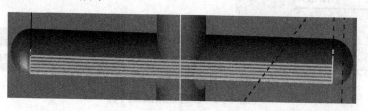

图 4-100　流道粗加工刀轨

考虑到该流道较陡峭，采用"等高铣"加工方法进行精加工，使用【指定切削区域】选项来选择流道表面，生成刀轨，如图 4-101 所示。但发现刀路混乱，需优化。

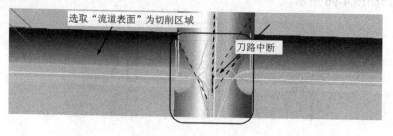

选取"流道表面"为切削区域

刀路中断

图 4-101　优化前的精加工刀轨

优化策略：流道中部区域不连续，需要构造"辅助体"改善刀轨。

流道结构处理：创建"包容块"，利用"相交"命令对"包容块"与流道进行求交操作，提取出独立的流道特征体。再创建一个"包容块"，通过"替换面"命令将"包容块"所包容的流道特征进行删除处理，最后得到完整的流道。具体过程如图 4-102 所示。

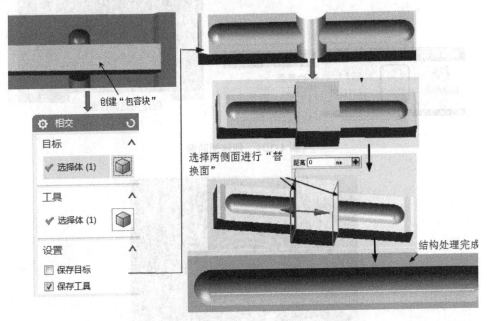

图 4-102 流道结构处理

当完成流道结构处理后，采用"固定轴轮廓铣(Fixed_Contour)"进行精加工，重新生成精加工刀轨，如图 4-103 所示。

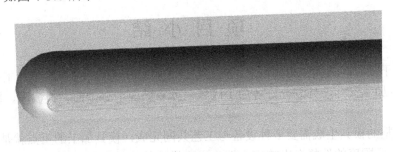

图 4-103 优化后的精加工刀轨

4. 圆锥槽加工

该圆锥槽最小半径为 3mm，采用 D4 平刀，加工方法为"深度轮廓铣"。

优化策略：因该圆槽与流道相交，为避免刀路干涉混乱，需创建"辅助体"优化刀轨，可在圆锥槽内构建一完整圆锥曲面作为辅助面，如图 4-104 所示。

生成刀轨，如图 4-105 所示。

创建完整圆锥面

图 4-104　创建辅助面

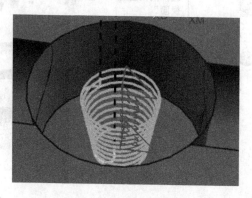

图 4-105　生成圆锥槽精加工刀轨

项 目 小 结

(1) 由于模具零件的结构区域多,具有工艺多样性的特点,在 CNC 加工前,要先确定哪些是重点加工尺寸,并划分好各加工区域,如靠破面、分型面、拔模面、圆角面、加工死角等。

(2) 完整的模具生成需要多种设备与工艺共同完成,模具加工的重点就是 CNC 加工。工艺规划先后顺序的选择会影响安全性;走刀模式的编排会影响到表面光洁度;加工方法的选择会影响到配合间隙;刀轨参数的设置,会影响刀具的损耗率等。

思考与练习

一、选择题

1. 前模也称定模或(　　),它决定了成型产品外表面。

　　A. 公模　　　　　B. 母模　　　　　C. 动模

2. 动模和定模在合模时的接触面叫作(　　)。

　　A. 分型面　　　　　B. 分中面　　　　C. 中位面

3. 前后模合模注塑无法填充的部分，以形成产品的孔，该孔位就叫(　　)。

　　A. 插穿面　　　　　B. 碰穿面　　　　C. 中位面

4. 复杂模具加工通常要遵循大直径刀具开粗，(　　)刀具清角的加工工艺规划。

　　A. 小直径　　　　　B. 大直径　　　　C. 任意直径

5. 对模具钢件采用飞刀开粗时，刀具的下刀螺旋角一般为(　　)。

　　A. 3°～7°　　　　B. 10°～20°　　　C. 1°～3°　　　D. 8°～15°

6. 若工件切削区域外存在很多的废刀轨，如图 4-106 所示，此时可以通过(　　)策略对刀轨进行优化。

　　A. 指定检查　　　B. 指定切削区域　C. 指定修剪边界

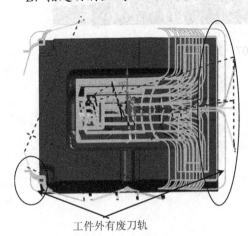

工件外有废刀轨

图 4-106　生成刀轨

7. 采用等高铣加工封闭曲面时，切削方向一般设为顺铣，但加工开放曲面时，切削方向最好设为(　　)，这样可以减少跳刀。

　　A. 顺铣　　　　　　B. 逆铣　　　　　C. 混合

8. 后模也称动模或(　　)，它决定成型产品内表面。

　　A. 公模　　　　　　B. 母模　　　　　C. 定模

9. 加工型芯类零件，"刀路方向"多选择(　　)，即刀具从工件外进刀，提高安全性。

　　A. 向内　　　　　　B. 向外　　　　　C. 任意方向

10. 加工面是封闭面时，【切削方向】选项设置为"顺铣"，可减少跳刀次数，而且【层与层】选项设置为(　　)，可避免踩刀。

　　A. 沿部件斜进刀　　　　　　　　　B. 沿部件垂直进刀

　　C. 沿形状斜进刀

二、练习题

扫描二维码，下载模型图档，完成如图 4-107 所示模型自动编程加工。

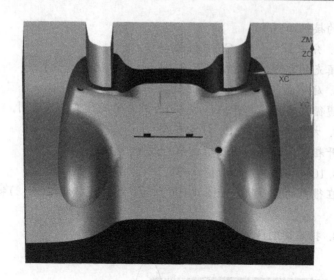

项目 4 模型图档.zip

图 4-107　游戏机手柄前模模型

项目 5　多轴零件加工

知识要点

- UG CAM 多轴加工的驱动设置、刀轴、投影矢量参数原理。
- 创建"辅助体"改善刀轨与结构预处理。
- 叶片加工模块操作方法。

技能目标

- 可以对多轴加工零件进行结构分析、结合工艺进行结构预处理、制定合理的加工工艺规划方案。
- 可以合理设置不同工序中的各项重要参数，能灵活运用"刀轴"控制以及创建"辅助体"进行刀轨优化。

任务 5.1　花瓶四轴加工

本次任务以图 5-1 为例，进行四轴加工，即 XYZ 三个线性轴加上 A 轴旋转轴。着重讲解典型四轴加工零件的加工工艺方法和刀路优化技巧。

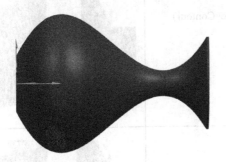

图 5-1　花瓶模型

5.1　花瓶四轴加工.mp4

5.1.1　刀具选择

该零件结构由回转曲面构成，零件整体尺寸为 42×30，拟采用 D10、D6 平底刀、R2、R1.5 球刀、D0.2 刻字刀。

5.1.2　加工工艺规划

根据零件结构特点，拟采用的加工工艺规划如表 5-1 所示。

表 5-1　加工工艺规划

序号	工　步	刀　具	加工策略	模拟刀路
1	整体开粗	D10	型腔铣 (Cavity_Mill)	
2	半精加工	D6 R2 R1.5	可变轴轮廓铣 (Variable_Contour)	
3	精加工	D6 R2 R1.5	可变轴轮廓铣 (Variable_Contour)	

续表

序号	工　步	刀　具	加工策略	模拟刀路
4	刻字	D0.2	可变轴轮廓铣 (Variable_Contour)	

5.1.3　工艺准备

(1) 结构处理。为考虑加工工艺性与装夹需求，需在花瓶底部增加退刀结构及夹位。可利用【拉伸】命令，拉伸出直径为"10"、长度为"10"，直径为"30"、长度为"10"，直径为"35"、长度为"52.5"的三个圆柱体，如图 5-2 所示。

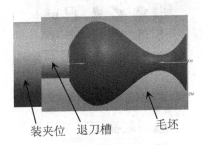

装夹位　退刀槽　　　毛坯

图 5-2　结构处理

(2) 指定加工坐标系。将加工坐标系中的 ZM 轴指向花瓶径向，XM 轴指向轴向，如图 5-3 所示。

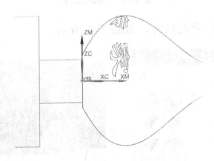

图 5-3　指定加工坐标系

(3) 创建刀具。创建 D10、D6 平底刀，R2、R1.5 球刀，D0.2 刻字刀，如图 5-4 所示。

工序导航器 - 机床

名称
GENERIC_MACHINE
　　└ 未用项
　　　+ D10
　　　+ R2
　　　+ R1.5
　　　+ D6
　　　+ D0.2

图 5-4　创建刀具

5.1.4　整体开粗

(1) 创建上半部整体开粗工序。单击【创建工序】按钮，指定【工序子类型】选项为"型腔铣(Cavity_Mill)"，指定父级组，如图 5-5 所示。

图 5-5　创建工序

(2) 指定部件、毛坯、检查几何体，如图 5-6 所示。

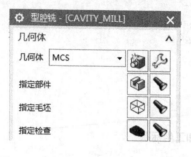 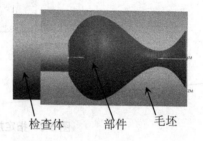

图 5-6　指定几何体

(3) 刀轨设置。各项重要参数设置如图 5-7、图 5-8 所示，未注选项按系统默认值设置。

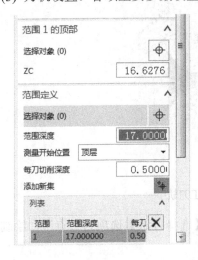

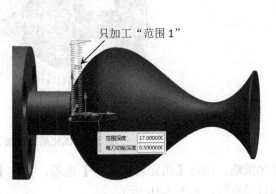

只加工"范围 1"

| | 范围深度 | 17.00000C |
| | 每刀切削深度 | 0.500000C |

图 5-7　切削层设置

图 5-8　刀轨设置

(4) 生成刀轨。刀轨如图 5-9 所示。刀轨出现过切，有撞刀危险，需优化。

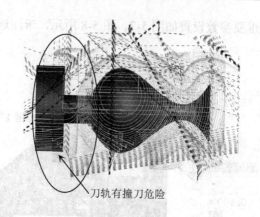

刀轨有撞刀危险

图 5-9　优化前的粗加工刀轨

优化策略： 指定【指定修剪边界】选项，指定【选择方法】选项为"点"，绘制四边形作为边界曲线，如图 5-10 所示。

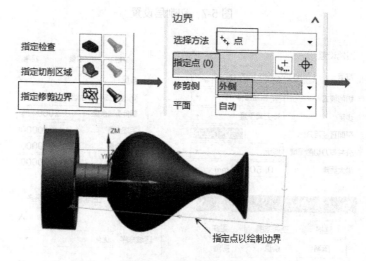

指定点以绘制边界

图 5-10　指定修剪边界

重新生成刀轨，如图 5-11 所示。此时刀轨还是存在撞刀的危险，需继续优化。

图 5-11　基于"修剪边界"的粗加工刀轨

优化策略： 绘制辅助体，使用【直线】和【拉伸】命令，绘制两个平面。重新指定【指定检查体】选项，将 2 个平面设置为"检查体"，重新生成刀轨，刀轨合格，如图 5-12

所示。

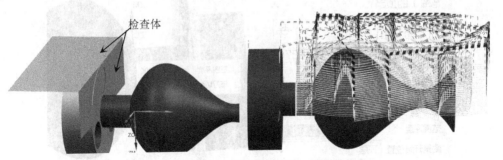

图 5-12　基于"检查体"的粗加工优化刀轨

(5) 创建工序下半部整体开粗。在工序导航器中，单击【上半部整体开粗】工序，右击并执行【复制】和【粘贴】命令，重命名为"下半部整体开粗"。单击【编辑】菜单中的【变换】按钮 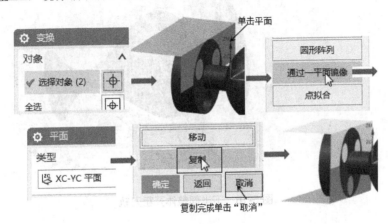，镜像辅助体，如图 5-13 所示。

图 5-13　"镜像"辅助体

重新指定"刀轴"和"切削层"，如图 5-14、图 5-15 所示。重新指定【指定检查体】选项，选取复制镜像得到的平面体，生成刀轨，如图 5-16 所示。

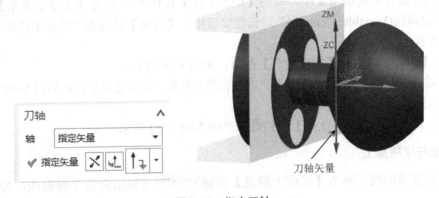

图 5-14　指定刀轴

图 5-15 指定切削层

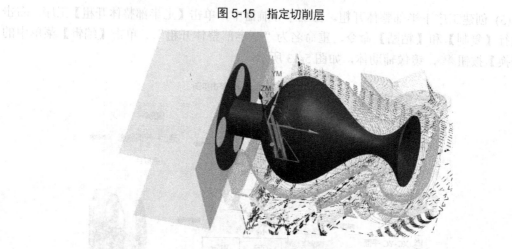

图 5-16 下半部整体开粗刀轨

5.1.5 半精加工

1. 瓶身半精加工

(1) 创建瓶身半精加工工序。单击【创建工序】按钮 ，指定【工序子类型】选项为"可变轴轮廓铣(Variable_Contour)"，指定父级组，【名称】设置为"瓶身半精加工"，如图 5-17 所示。

指定【指定部件】和【指定检查】选项，如图 5-18 所示。

(2) 设置"驱动方法""刀轴"和"刀轨设置"参数，各重要参数设置如图 5-19～图 5-21 所示，未注选项按系统默认值设置。

(3) 生成刀轨。单击【生成】按钮 ，刀轨如图 5-22 所示。

2. 圆柱半精加工

(1) 创建辅助线。单击【在面上偏置】按钮 复制出两条全圆曲线，如图 5-23 所示。

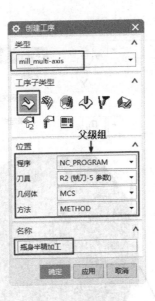

图 5-17 创建工序

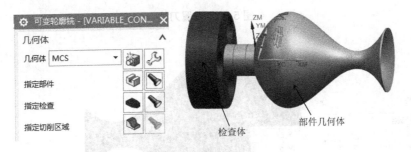

图 5-18 指定部件和检查

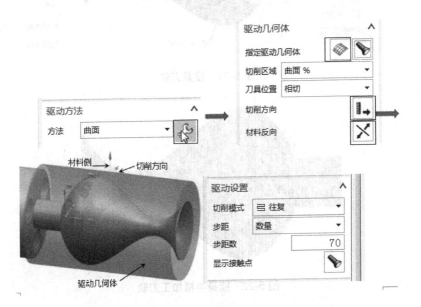

图 5-19 设置驱动方法

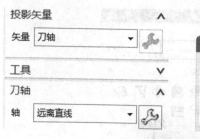

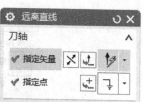

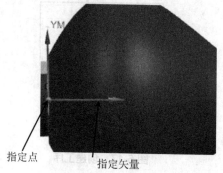

图 5-20　设置刀轴

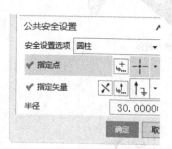

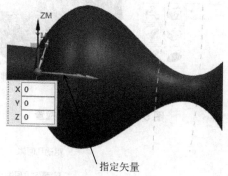

图 5-21　设置刀轨

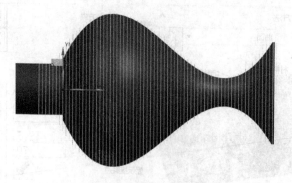

图 5-22　瓶身半精加工刀轨

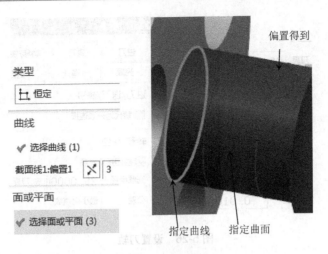

图 5-23　创建辅助线

(2) 创建圆柱半精加工工序。在工序导航器中，单击"瓶身半精加工"工序，右击并执行【复制】和【粘贴】命令，重命名为"圆柱半精加工"，如图 5-24 所示。

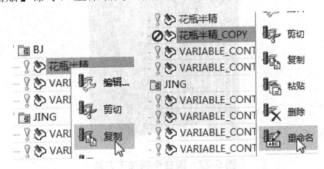

图 5-24　创建圆柱半精加工工序

(3) 设置"驱动方法"和"刀轨"。各重要参数设置如图 5-25、图 5-26 所示，未注选项按系统默认值设置。

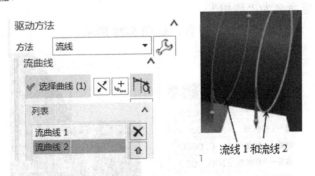

图 5-25　设置驱动方法

(4) 生成刀轨。单击【生成】按钮，刀轨如图 5-27 所示。

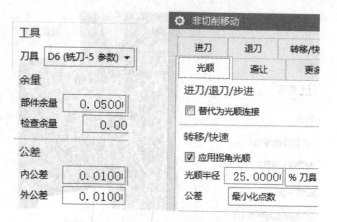

图 5-26　设置刀轨

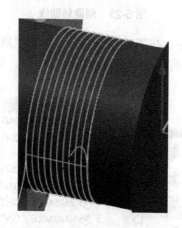

图 5-27　圆柱半精加工刀轨

3. 清根

(1) 创建清根工序。在工序导航器中，单击【花瓶半精加工】工序，右击并执行【复制】和【粘贴】命令，重命名为"清根"。

(2) 刀轨设置。修改部分刀参数设置，如图 5-28 所示。

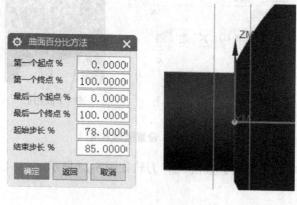

图 5-28　设置刀轨

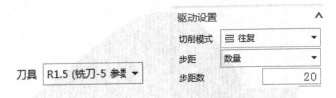

驱动设置	∧
切削模式	🖩 往复　▼
步距	数量　▼
步距数	20

刀具　R1.5 (铣刀-5 参数 ▼

图 5-28　设置刀轨(续)

(3) 生成刀轨。单击【生成】按钮，刀轨如图 5-29 所示。

图 5-29　清根刀轨

5.1.6　精加工

1. 花瓶精加工

(1) 创建花瓶精加工工序。在工序导航器中，单击"花瓶半精加工"工序，右击并执行【复制】和【粘贴】命令，重命名为"花瓶精加工"。

(2) 刀轨设置。修改部分参数，如图 5-30 所示。

余量	∧
部件余量	0.0000 🔓
检查余量	0.0000

驱动设置	∧
切削模式	🖩 往复　▼
步距	数量　▼
步距数	100

图 5-30　设置刀轨

(3) 生成刀轨。单击【生成】按钮，刀轨如图 5-31 所示。发生报警，需要优化。

优化策略：根据报警提示，是因为存在检查体，发生了干涉。可以通过修改【驱动方法】中的【步长】选项，缩小加工范围，防止触碰"检查体"。重新生成刀轨，如图 5-32 所示。

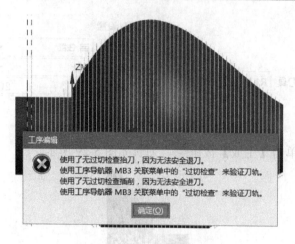

图 5-31　发生报警的刀轨

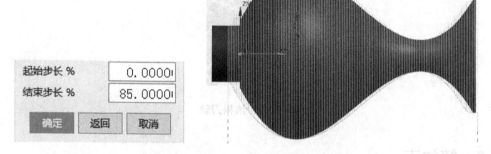

图 5-32　基于"花瓶精加工"优化刀轨

2. 圆柱体精加工

在工序导航器中，单击"圆柱半精加工"工序，右击并执行【复制】和【粘贴】命令，重命名为"圆柱精加工"。修改【余量】选项参数，生成刀轨，如图 5-33 所示。

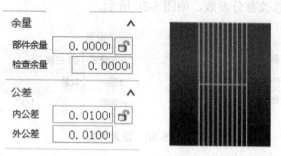

图 5-33　圆柱精加工刀轨

3. 根部精加工

在工序导航器中，单击"清根"工序，右击并执行【复制】和【粘贴】命令，重命名

为"根部精加工"。修改参数，如图 5-34 所示。

图 5-34　刀轨设置

生成刀轨，如图 5-35 所示。

图 5-35　清根精加工刀轨

4. 刻字

　　(1) 创建刻字工序。在工序导航器中，单击"瓶身半精加工"工序，右击并执行【复制】和【粘贴】命令，重命名为"刻字"。

　　(2) 刀轨设置。设置【驱动设置】、【刀轴】、【刀轨设置】等选项参数，如图 5-36～图 5-39 所示。

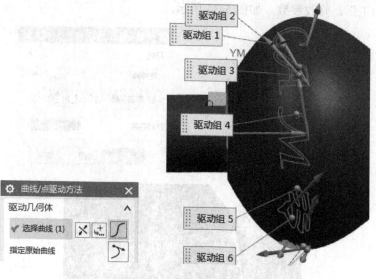

图 5-36　设置驱动几何体

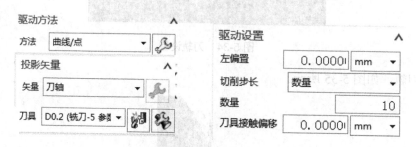

图 5-37　设置驱动方法

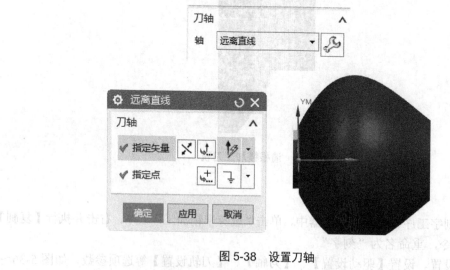

图 5-38　设置刀轴

(3) 生成刀轨。单击【生成】按钮，刀轨如图 5-40 所示。

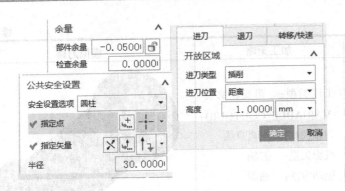

图 5-39　设置刀轨　　　　　　　　图 5-40　刻字刀轨

5.1.7　技能拓展

根据表 5-2 给的提示，对图 5-41 所示零件进行四轴自动编程加工。

图 5-41　圆柱凸轮轴模型

表 5-2　加工工艺规划

序号	工　步	刀具	加工策略	模拟刀路
1	圆柱面粗加工	D20	工序类型：　可变轮廓铣 (VARIABLE_COUTOUR) 刀轴控制：　远离直线 投影矢量：　刀轴 驱动方法：　曲面	
2	凸轮槽粗加工	D6	工序类型：　可变轮廓铣 (VARIABLE_COUTOUR) 刀轴控制：　远离直线 投影矢量：　刀轴 驱动方法：　曲线/点	

续表

序号	工　步	刀具	加工策略	模拟刀路
3	圆柱面半精加工	D20	工序类型：　可变轮廓铣 （VARIABLE_COUTOUR） 刀轴控制：　远离直线 投影矢量：　刀轴 驱动方法：　曲面	
4	端面内侧半精加工	D6	工序类型：　可变轮廓铣 （VARIABLE_COUTOUR） 刀轴控制：　远离直线 投影矢量：　朝向驱动体 驱动方法：　流线	
5	槽壁面半精加工	D4	工序类型：　可变轮廓铣 （VARIABLE_COUTOUR） 刀轴控制：　远离直线 投影矢量：　刀轴 驱动方法：　曲线/点	
6	圆柱面精加工	D20	工序类型：　可变轮廓铣 （VARIABLE_COUTOUR） 刀轴控制：　远离直线 投影矢量：　刀轴 驱动方法：　曲面	
7	端面内侧精加工	D6	工序类型：　可变轮廓铣 （VARIABLE_COUTOUR） 刀轴控制：　远离直线 投影矢量：　朝向驱动体 驱动方法：　流线	

续表

序号	工　步	刀具	加工策略	模拟刀路
8	槽壁面 精加工	D4	工序类型：可变轮廓铣 (VARIABLE_COUTOUR) 刀轴控制：远离直线 投影矢量：朝向驱动体 驱动方法：曲面	
9	槽底 精加工	D4	工序类型：可变轮廓铣 (VARIABLE_COUTOUR) 刀轴控制：远离直线 投影矢量：刀轴 驱动方法：曲线/点	

任务 5.2　大力神杯五轴加工

本次任务以大力神杯为例，进行五轴加工，即 XYZ 三个线性轴加上 A、B 轴旋转轴，如图 5-42 所示。着重讲解典型五轴加工零件的加工工艺方法和刀路优化技巧。

5.2　大力神杯五轴加工.mp4

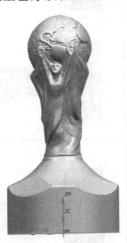

图 5-42　大力神杯模型

5.2.1　加工工艺规划

该零件结构由回转曲面构成，零件整体尺寸为 42×30，造型复杂，曲面凹凸不平，球头刀尺寸尽量小，以保证曲面造型精准。拟采用 D16R2 圆鼻刀、R4、R1.5 球刀、D0.1 刻字刀。

根据零件结构特点，拟采用的加工工艺规划如表 5-3 所示。

表 5-3　加工工艺规划

序号	工　步	刀　具	加工策略	模拟刀路
1	整体开粗	D16R2	型腔铣 (Cavity_Mill)	
2	半精加工	R4、R2	可变轮廓铣 (VARIABLE_ CONTOUR)	
3	精加工	R1.5	可变轮廓铣 (VARIABLE_ CONTOUR)	

续表

序号	工　步	刀具	加工策略	模拟刀路
4	刻字	D0.1	可变轮廓铣 (VARIABLE_ CONTOUR)	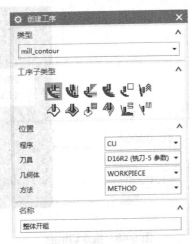

5.2.2　工艺准备

指定部件、毛坯和加工坐标系，毛坯可通过创建圆柱指定，如图 5-43 所示。单击【创建刀具】按钮，创建 D16R2 圆鼻刀、R4、R1.5 球头刀、D0.1 刻字刀，如图 5-44 所示。

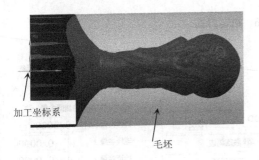

图 5-43　指定几何体和加工坐标系

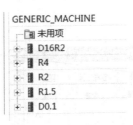

图 5-44　创建刀具

5.2.3　整体开粗

(1) 创建整体开粗工序。单击【创建工序】按钮，指定【工序子类型】选项为"型腔铣(Cavity_Mill)"，指定父级组，名称为"整体开粗"，如图 5-45 所示。

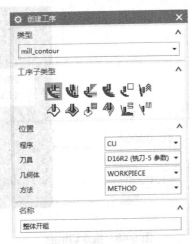

图 5-45　创建工序

(2) 刀轨设置。各项参数设置分别如图 5-46～图 5-49 所示，未注选项按系统默认值。

(3) 生成刀轨。单击【生成】按钮，生成刀轨。下半部分开粗刀轨方法相同，如图 5-50 所示。

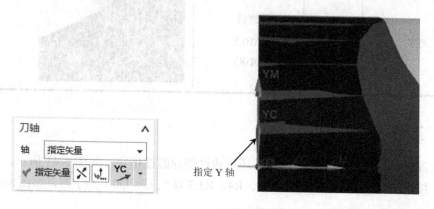

图 5-46　指定刀轴

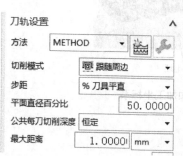

图 5-47　设置刀轨

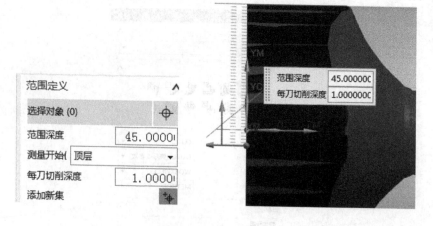

图 5-48　指定切削层

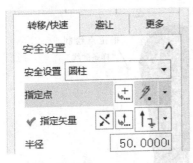
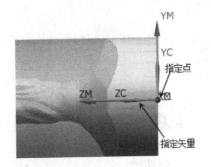

图 5-49　安全设置

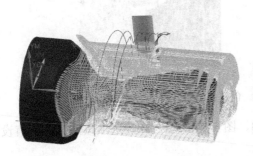
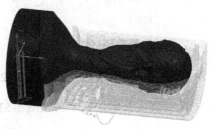

图 5-50　整体开粗刀轨

5.2.4　半精加工

(1) 创建半精加工工序。单击【创建工序】按钮，指定【工序子类型】选项为"可变轴轮廓铣(Variable_Contour)"，指定父级组，【名称】设置为"半精加工"，如图 5-51 所示。

图 5-51　创建工序

(2) 创建辅助面。执行【艺术样条】命令，绘制样条曲线，单击【回转】按钮，创建曲面，如图 5-52 所示。

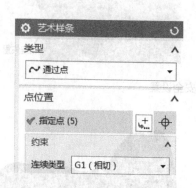

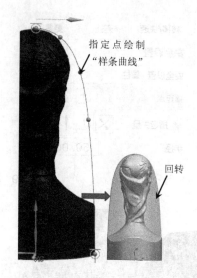

指定点绘制
"样条曲线"

回转

图 5-52　创建辅助面

(3) 驱动设置。各项设置分别如图 5-53、图 5-54 所示，未注选项按系统默认值设置。

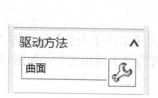

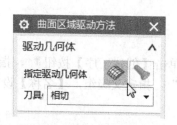

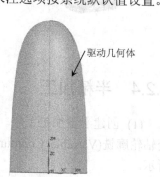

驱动几何体

图 5-53　指定驱动几何体

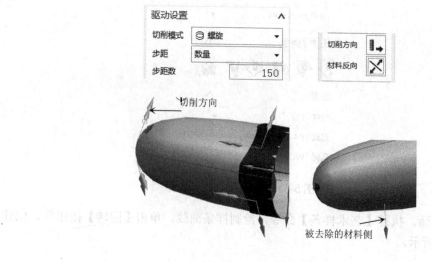

切削方向

被去除的材料侧

图 5-54　驱动设置

(4) 刀轨设置。各项重要参数设置如图 5-55 所示，未注选项按系统默认值设置。

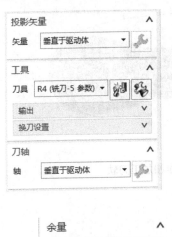

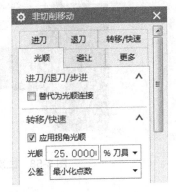

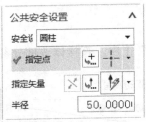

图 5-55 刀轨设置

(5) 生成刀轨。单击【生成】按钮，刀轨如图 5-56 所示。

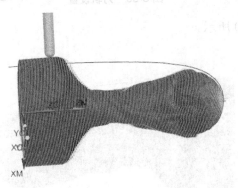

图 5-56 半精加工刀轨

(6) 二次半精加工。为保证后续最小球刀的精加工工艺，此时需要进行二次半精加工，复制"半精加工"工序，直接修改部分参数，如图 5-57 所示，生成刀轨，如图 5-58 所示。

图 5-57 刀轨设置

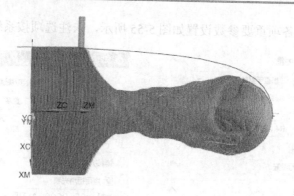

图 5-58　二次半精加工刀轨

5.2.5　精加工

复制"半精加工"工序，直接修改部分参数，如图 5-59 所示。

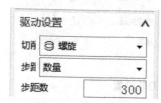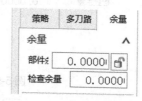

图 5-59　刀轨设置

生成刀轨，如图 5-60 所示。

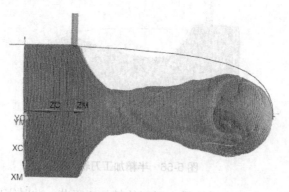

图 5-60　精加工刀轨

5.2.6　刻字

(1) 创建文本。进入"建模"模块，执行【圆弧/圆】和【文本】命令，在圆弧上方绘制的底部曲面上建立文字特征，如图 5-61 所示。

(2) 创建刻字工序。单击【创建工序】按钮 ，指定【工序子类型】选项为"可变轴轮廓铣(Variable_Contour)"，指定父级组，【名称】选项设置为"刻字"，如图 5-62 所示。

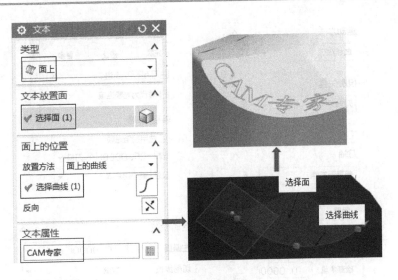

图 5-61　创建文本

图 5-62　创建工序

(3) 设置驱动和刀轨。各项重要参数设置分别如图 5-63、图 5-64 所示，未注选项按系统默认值设置。

图 5-63　指定驱动几何体

(4) 生成刀轨。单击【生成】按钮 ，刀轨如图 5-65 所示。

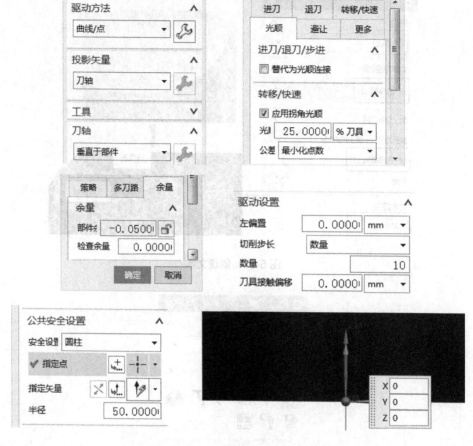

图 5-64 设置刀轨和驱动

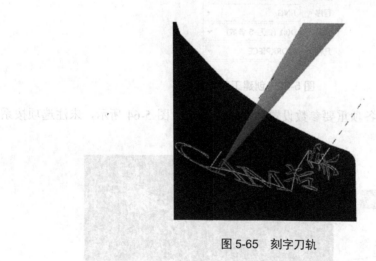

图 5-65 刻字刀轨

5.2.7 技能拓展

根据表 5-4 给的提示，对图 5-66 所示零件进行五轴自动编程加工。

图 5-66 奖杯模型

表 5-4 加工工艺规划

序号	工　步	刀　具	加工策略	模拟刀路
1	整体开粗	D20 R5 R5	加工方法： 型腔铣(Cavity_Mill) 刀轴控制：指定矢量	
2	杯顶一次半精加工	R5	加工方法： 可变轮廓铣 (VARIABLE_CONTOUR) 驱动方法：曲面 投影矢量：朝向驱动体 刀轴：垂直驱动体	

序号	工 步	刀 具	加工策略	模拟刀路
3	杯座半精加工	R5	加工方法：可变轮廓铣 (VARIABLE_CONTOUR) 驱动方法：曲面 投影矢量：朝向驱动体 刀轴：远离直线	
4	杯顶二次半精加工	R5	加工方法：固定轮廓铣 (FIXED_CONTOUR) 驱动方法：区域铣削 刀轴：指定矢量	
5	圆角清角	R3	加工方法：可变轮廓铣 (VARIABLE_CONTOUR) 驱动方法：流线 投影矢量：朝向驱动体 刀轴：远离直线	
6	杯身半精加工	R3	加工方法：可变轮廓铣 (VARIABLE_CONTOUR) 驱动方法：流线 投影矢量：朝向驱动体 刀轴：4轴，相对于驱动体	
7	圆角二次半精加工	R3	加工方法：可变轮廓铣 (VARIABLE_CONTOUR) 驱动方法：曲面 投影矢量：朝向驱动体 刀轴：远离点	

序号	工 步	刀 具	加工策略	模拟刀路
8	杯座精加工	R5	加工方法：可变轮廓铣 (VARIABLE_CONTOUR) 驱动方法：曲面 投影矢量：刀轴 刀轴：远离直线	
9	杯顶精加工	R5	加工方法：固定轮廓铣 (FIXED_CONTOUR) 驱动方法：区域铣削 刀轴：指定矢量	
10	圆角精加工	R3	加工方法：可变轮廓铣 (VARIABLE_CONTOUR) 驱动方法：流线 投影矢量：朝向驱动体 刀轴：远离直线	
11	杯身精加工	R3	加工方法：可变轮廓铣 (VARIABLE_CONTOUR) 驱动方法：流线 投影矢量：朝向驱动体 刀轴：4轴，垂直驱动体	

续表

序号	工 步	刀 具	加工策略	模拟刀路
12	圆角精加工	R3	加工方法：可变轮廓铣(VARIABLE_CONTOUR) 驱动方法：曲面 投影矢量：刀轴 刀轴：远离直线	
13	刻字	D0.1	加工方法：可变轮廓铣(VARIABLE_CONTOUR) 驱动方法：曲线/点 投影矢量：刀轴 刀轴：垂直于部件	

任务 5.3　叶轮五轴加工

　　汽轮机上的整体叶轮的叶片存在负角和扭曲，是五轴加工中最典型的案例代表。UG NX 8.5 之后的版本新增了专门的叶轮加工模块。本次任务以图 5-67 的为例，着重讲解叶轮加工模块的使用方法。

图 5-67　叶轮零件

5.3　叶轮五轴加工.mp4

5.3.1　加工工艺规划

两个叶片之间的距离为"12.5mm"，底部圆角半径为"2.2mm"。拟用 R5 球刀开粗、R2 球刀清角。

根据零件结构特点，仅对其中一个叶片进行讲解，拟采用的加工工艺规划如表 5-5 所示。

表 5-5　加工工艺规划

序　号	工　步	刀　具	加工策略	模拟刀路
1	叶片粗加工	R5	多叶片粗加工	
2	轮毂精加工	R5	轮毂精加工	
3	叶片外形精加工	R5	叶片精加工	
4	叶片底部圆角精加工	R2	圆角精加工	

5.3.2 工艺准备

（1）创建及指定叶片几何体。具体参数设置如图 5-68、图 5-69 所示。

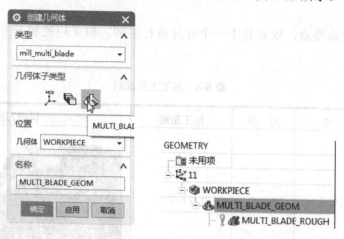

图 5-68 创建多叶片几何体

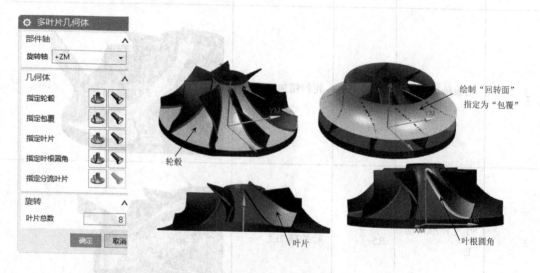

图 5-69 指定多叶片几何体

（2）创建刀具。单击【创建刀具】按钮，创建 R5、R2 两把球刀，如图 5-70 所示。

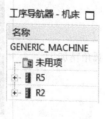

图 5-70 创建刀具

5.3.3　粗加工

(1) 创建粗加工工序。单击【创建工序】按钮 ，指定【工序子类型】选项为"多叶片粗加工"，指定父级组，如图 5-71 所示。

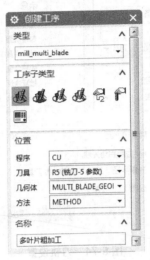

图 5-71　创建工序

(2) 设置驱动方法与刀轨。各重要参数设置如图 5-72～图 5-75 所示，未注选项按系统默认值设置。

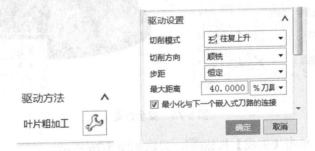

图 5-72　设置驱动

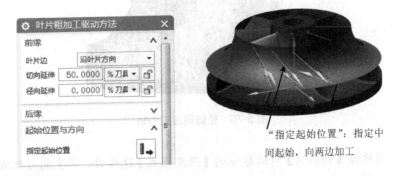

图 5-73　指定起始位置

【切向延伸】选项可使刀轨产生一个进退刀的距离。

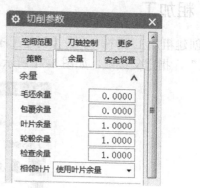

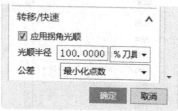

图 5-74　刀轨设置

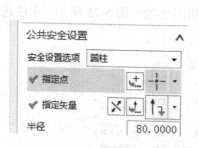

图 5-75　安全设置

(3) 生成刀轨。单击【生成】按钮，刀轨如图 5-76 所示。

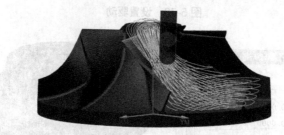

图 5-76　轮毂粗加工刀轨

💡 **注意：** 当修改【切削层】对话框中的【深度模式】选项时，产生的刀轨效果各不同，如图 5-77～图 5-79 所示。

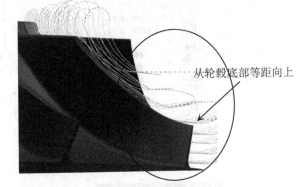

图 5-77 基于"从轮毂偏置"的刀轨

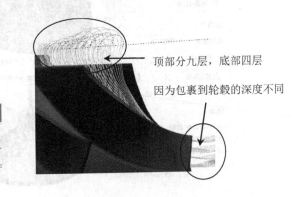

图 5-78 基于"从包覆偏置"的刀轨

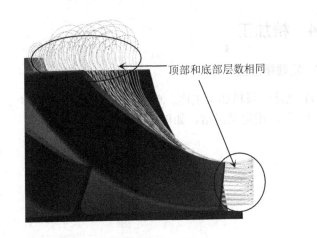

图 5-79 基于"从包覆插补至轮毂"的刀轨

(4) 其余轮毂粗加工。通过【编辑】菜单里的【变换】命令，可直接复制刀轨，如图 5-80、图 5-81 所示。

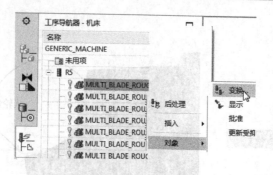

图 5-80 对象变换

图 5-81 复制刀轨

5.3.4 精加工

1. 轮毂精加工

(1) 创建轮毂精加工工序。单击【创建工序】按钮 ，指定【工序子类型】选项为"轮毂精加工"，指定父级组，如图 5-82 所示。

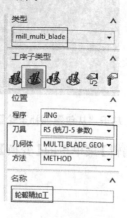

图 5-82 创建工序

(2) 设置驱动方法与刀轨。各重要参数设置如图 5-83～图 5-85 所示，未注选项按系统默认值设置。

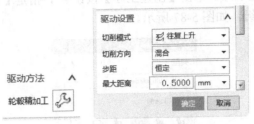

图 5-83　设置驱动

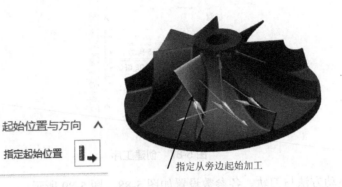

指定从旁边起始加工

图 5-84　指定起始位置

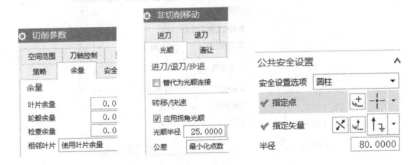

图 5-85　设置刀轨

(3) 生成刀轨。单击【生成】按钮，刀轨如图 5-86 所示。

图 5-86　轮毂精加工刀轨

2. 叶片精加工

(1) 创建叶片精加工工序。单击【创建工序】按钮，指定【工序子类型】选项为"叶片精加工"，指定父级组，如图 5-87 所示。

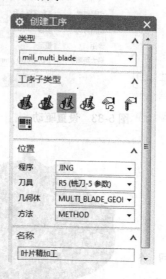

图 5-87　创建工序

(2) 设置驱动方法与刀轨。各参数设置如图 5-88、图 5-89 所示。

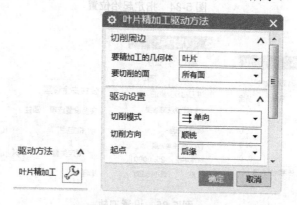

图 5-88　设置驱动方法

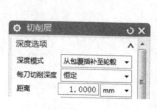
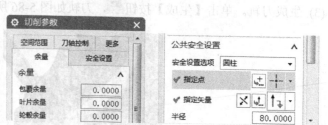

图 5-89　设置刀轨

(3) 生成刀轨。单击【生成】按钮，刀轨如图 5-90 所示。

图 5-90　叶片精加工刀轨

💡 **注意：**【切削周边】组中的【要切削的面】选项设置不同，刀轨效果亦不同，如图 5-91～图 5-94 所示。

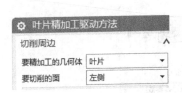

图 5-91　基于"左侧"的刀轨

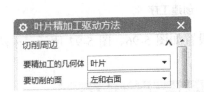

图 5-92　基于"左和右面"的刀轨

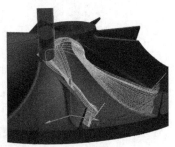

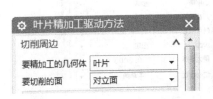

图 5-93　基于"对立面"的刀轨

图 5-94　基于"左面、右面、前缘"的刀轨

3. 底部圆角精加工

（1）创建叶片精加工工序。单击【创建工序】按钮 ，指定【工序子类型】选项为"圆角精加工"，指定父级组，如图 5-95 所示。

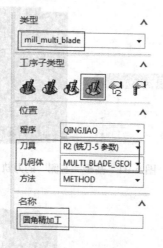

图 5-95　创建工序

（2）设置驱动方法与刀轨。各重要参数设置如图 5-96、图 5-97 所示，未注选项按系统默认值设置。

图 5-96　设置驱动方法

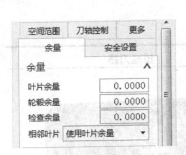
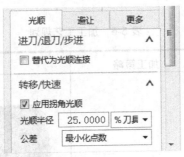

图 5-97　设置刀轨

(3) 生成刀轨。单击【生成】按钮，刀轨如图 5-98 所示。

图 5-98　底部圆角精加工刀轨

5.3.5　技能拓展

根据表 5-6 所给的提示，对图 5-99 所示零件进行五轴自动编程加工，毛坯使用"包容块"创建。

图 5-99　坦克底座模型

表 5-6　加工工艺规划

序号	工 步	刀具	加工策略	模拟刀路
1	整体开粗	D8	加工方法：型腔铣 (Cavity_Mill) 切削模式：跟随部件 刀轴：+ZM、指定矢量	
2	半精加工	R4	加工方法：固定轮廓铣 (Fixed_CONTOUR) 驱动方法：区域 刀轴：+ZM、指定矢量	
3	半精加工	D8	加工方法：深度轮廓铣	

序号	工 步	刀 具	加工策略	模拟刀路
4	光面	D8	加工方法：面铣 刀轴：+ZM、垂直于第一个面	
5	侧壁精加工	D8	加工方法：深度轮廓铣 刀轴：指定矢量	
6	各区域精加工	同半精加工	方法同半精加工	刀轨同半精加工(此处略)

项 目 小 结

(1) 多轴加工是当下数控制造领域最热门的加工技术。本项目通过四轴、五轴的加工实例阐述了多轴加工的工艺安排和刀轨设置。其中，刀轴控制、投影矢量、驱动方式是多轴加工的重难点。

(2) 在三轴编程中，只需通过对零件模型的计算，得到点位数据即可。在多轴加工中，不仅需要计算点位坐标，而且更需要得到坐标点上的矢量方向，这个矢量方向就是刀轴，不同的刀轴控制会产生明显的加工质量差别及安全性。

思考与练习

一、选择题

1. 四轴加工指的是(　　)。

    A. XYZ+A 或 B   B. XYZ+C 或 B   C. XYZ+C 或 A

2. 刻字加工常用的驱动方法是(　　)。

    A. 曲面   B. 流线   C. 边界   D. 曲线/点

3. 四轴加工常用的刀轴控制方式是(　　)。

    A. 远离直线   B. 朝向直线   C. 垂直驱动体   D. 朝向驱动体

4. 四轴加工凸轮轴侧壁面，最合适的驱动方式是(　　)。

A. 曲面　　　　　　B. 流线　　　　　C. 曲线 曲线/点 边界

5. 对叶片粗加工, 最方便的加工方法是( )。

   A. 固定轴轮廓铣　　　　　　B. 可变轴轮廓铣

   C. 型腔铣　　　　　　　　　D. 轮毂粗加工

6. 对刀轨进行复制, 可使用的命令是( )。

   A. 阵列特征　　　B. 变换　　　　C. 移动对象　　　D. 镜像

7. "Mill_multi_axis" 类型指的是( )。

   A. 五轴铣削　　　B. 车铣复合　　　C. 三轴铣削　　　D. 多轴铣削

8. 大力神杯半精加工中刀轴控制方式为( )。

   A. 垂直于部件　　B. 远离直线　　　C. 垂直于驱动体　D. 相对于驱动体

9. 叶轮中的叶片外形面精加工, 【切削周边】选项应设置为( )。

   A. 对立面　　　　B. 左和右面

   C. 所有面　　　　D. 左侧

10. 大力神杯刻字加工中刀轴控制方式为( )。

   A. 垂直驱动体　　B. 相对于驱动体

   C. 垂直于部件　　D. 相对于部件

二、练习题

扫描二维码, 下载模型图档, 完成图 5-100 所示汽车模型的五轴加工。

项目 5 模型图档.zip

图 5-100　汽车模型

参 考 文 献

[1] 云杰漫步多媒体科技 CAX 设计教研室. UG NX 6.0 数控加工[M]. 北京：清华大学出版社，2009.

[2] 徐家忠，金莹. UG NX 10.0 三维建模及自动编程[M]. 北京：机械工业出版社，2016.

[3] 阎竞实，王锐. UG 数控自动编程加工[M]. 北京：清华大学出版社，2017.

[4] 张士军，陈红娟. UG 数控加工[M]. 北京：机械工业出版社，2013.

参考文献

[1] 云杰漫步多媒体科技 CAX 设计教研室. UG NX 6.0 动画仿真实例[M]. 北京: 清华大学出版社, 2009

[2] 展迪优. 李全. UG NX 10.0 三维建模及自动编程[M]. 北京: 机械工业出版社, 2016

[3] 钟日铭. 手把手 UG 机械零件设计实战[M]. 北京: 清华大学出版社, 2015

[4] 成大先. 机械设计 UG 数控编程[M]. 北京: 机械工业出版社, 2015